Unterschiede in der Anatomie von Esel/Muli und Pferd

Eine veterinärmedizinisch relevante Zusammenstellung

2., erweiterte und aktualisierte Auflage

Horst Wissdorf, Hassen Jerbi, Anton Fürst

Bei Fragen zur Produktsicherheit wenden
Sie sich bitte an unsere Adresse: utzverlag
GmbH · Herr Matthias Hoffmann·
Nymphenburger Straße 91 · 80636 München
· Telefon: 0049-89-27779100 oder
www.utzverlag.de · info@utzverlag.de

Umschlagabbildungen:
Oben links: Jerbi, Tunesien
Oben rechts: Video-Standbild: Cavalos Helio Rocha, Brasilien
Unten: Anton Fürst, Zürich
Rückseite: Anton Fürst und Matthias Haab, Zürich

Bibliografische Information der Deutschen Nationalbibliothek: Die Deutsche Nationalbibliothek verzeichnet diese Publikation in der Deutschen Nationalbibliografie; detaillierte bibliografische Daten sind im Internet über http://dnb.d-nb.de abrufbar.

ISBN 978-3-8316-4937-2

Printed in Deutschland

utzverlag GmbH, München
089–277791–00 · www.utzverlag.de

Vorwort zur 1. Auflage

Im Anatomieunterricht an der Tierärztlichen Hochschule Hannover wird seit vielen Jahren der Bezug zur Klinik betont und die Studenten werden so motiviert, das Lernen anatomischer Fakten als eine wesentliche Grundlage für ihre spätere berufliche Tätigkeit zu sehen.

Leider kann der Esel dabei so gut wie gar nicht berücksichtigt werden, denn zahlreiche der klinisch wichtigen anatomischen Unterschiede von Esel und Pferd sind noch nicht bearbeitet oder in der Literatur nur unvollständig und weit verstreut zu finden. Es fehlt auch an präparatorischen Darstellungen, aber auch für alle bildgebenden Techniken gilt:

Anatomia fundamentum medicinae est.

Da die Zahl der Esel in der Praxis ständig ansteigt, besteht hier Nachholbedarf.

Mein Freund und Kollege Prof. Horst Erich König von der Veterinärmedizinischen Universität Wien hat für mich die Verbindung zu Herrn Prof. Hassen Jerbi, Professor für Anatomie der Veterinary School of Sidi Thabet in Tunesien hergestellt, der exzellente Präparate von Eseln für seinen Unterricht anfertigt und für das Buch 33 Abbildungen zur Verfügung stellte. So wurde mit Hilfe von Herrn Kollegen König das vorliegende Buch überhaupt erst ermöglicht. Ihm gilt mein besonderer Dank.

Unterstützt wurde die Arbeit für das Buch durch die großzügige Bereitschaft verschiedener Autoren, Bildmaterial aus ihren Büchern bzw. Publikationen übernehmen zu dürfen. Hier möchte ich Frau Thekla Friedrich, Katzenelnbogen, Deutschland und Frau Marisa Hafner, Schweiz besonders erwähnen. Großen Eifer bei der Anfertigung von Bildern zeigte Herr R. Reifenrath, Jugenheim, Deutschland, der mit überdurchschnittlichem Einsatz gewünschte Fotos von seinen Provence Eseln anfertigte.

Herr Prof. B. Ohnesorge, Pferdeklinik der Stiftung Tierärztliche Hochschule Hannover, stellte endoskopische Aufnahmen zur Verfügung, die den Kehlkopf des Esels darstellen und sehr markant die Unterschiede von Pharynx Esel/Pferd wiedergeben.

Aus USA übermittelte uns Frau stud. med. vet. M. Meier-Schellersheim, N.Y. Bilder von Mulis.

Ein Bild vom einem Hengst für die vergleichende Darstellung der Position vom Skrotum von Esel und Pferd überlies uns Herr Prof. H. Sieme, Reproduktionsmedizinische Einheit der Kliniken der Stiftung Tierärztliche Hochschule Hannover.

Herr Linti, Zoo Heidelberg, fertigte für das Buch ein Kopfbild von einem Poitou-Esel an, Frau Sandra Reichler, Zoo Heidelberg, erstellte eine Abbildung vom Präputium eines Poitou-Esels. Frau Otto, Zoo Hannover, lieferte ein Bild vom Skrotum eines Somali Wildesels, Frau Mooser, Schweiz, stellte das Bild vom Asino dell' Amiata zur Verfügung. Aus dem Fachbuch: Praxisorientierte Anatomie und Propädeutik des Pferdes konnten die Augenhintergrund-Abbildungen der Kollegen Simoens, (Esel) Gent und Gerhards, (Pferd) LMU München, übernommen werden.

Bildmaterial extra für dieses Buch erstellte Herr stud. med. vet. D. Böhm, Hannover von den Tieren des Kollegen H. Ende, Isernhagen und von denen von Frau I. Stephan, Lindwedel. Herr Böhm übernahm auch mit bewundernswerter Ausdauer und großer Gewissenshaftigkeit die notwendigen Überarbeitungen zahlreicher Bilder, und war wesentlich an der Gestaltung des Umschlags beteiligt.

Allen möchte ich für ihre Unterstützung ganz herzlich danken. Ohne ihre Hilfe wäre dieses Buch nie erstellt worden.

Dankenswerterweise hat Herr Professor Isenbügel, Zürich, mir einen Beitrag über Gangarten bei Eseln und Mulis überlassen.

Der Zeichnerin Frau von Stemm, Anatomisches Institut der Stiftung Tierärztlichen Hochschule Hannover und der Kollegin Kim Übermuth, Wildeshausen, gilt mein besonderer Dank für ihre exakten Zeichnungen.

Frau Dr. Engelke, Anatomisches Institut der Stiftung Tierärztlichen Hochschule Hannover, danke ich für die Überarbeitung der Abb. 3-22, deren Aussagekraft dadurch wesentlich verbessert wurde.

Mein ganz besonderer Dank gebührt Frau R. Ramtke, Leiterin des Wissenschaftsbereichs und Lektorin im utzverlag. Sie hat für alle anstehenden Fragen schnell, gewissenhaft und kompetent Lösungen gefunden. Die Zusammenarbeit war vorbildlich.

Ehlershausen im Juli 2020 H. Wissdorf

Einziger Maultier-Zehnspänner Deutschlands, aufgenommen 2022 bei: Titanen der Rennbahn in 14822 Brück

Besitzer und Fahrer: Achim Rensch, 17279 Lychen/Uckermark

Aufnahme: Hans Georg Flack

Weitere Infos: www.muli-rensch.de

Vorwort zur 2. Auflage

Die Herausgebergemeinschaft der 2. Auflage des Buches *Unterschiede in der Anatomie von Esel/Muli und Pferd* ist durch Herrn Prof. Dr. A. Fürst, Direktor der Klinik für Pferdemedizin der Universität Zürich, erweitert worden. So konnten wertvolle klinische Befunde vom Pferd, mit denen bei Esel und Muli verglichen werden und weitere Befunde an Eseln ergänzt werden. Herr Prof. Dr. E. Isenbügel, emer. Professor für Zoo- und Wildtiermedizin an der Vetsuisse Fakultät Zürich und langjähriger leitender Tierarzt am Zoo Zürich, hat im Abschlusskapitel eine ergänzende Zusammenstellung der wilden Verwandten von Pferd und Esel erarbeitet. Sein Kapitel hat durch die exzellenten Zeichnungen von Herrn Matthias Haab, dem ehemaligen wissenschaftlichen Zeichner am Tierspital Zürich, ganz erheblich an Aussagekraft gewonnen. Beiden möchte ich für diese Bereicherung danken.

Durch die Herren Kollegen Dr. Carlos Alberti Husni und Anderson Fernando de Souza, beides Tierärzte an Universitäten in Sao Paulo, Brasilien, hatte ich die Gelegenheit, Bildmaterial und Forschungsergebnisse über Mulis zu erhalten, die sich durch Haltung und Zucht in vielen Punkten von unseren deutsch gezogenen Mulis unterscheiden und zahlreiche anatomische Unterschiede zu Esel und Pferd aufweisen.

Befunde zu den „deutschen Mulis“ wurden aber ebenfalls berücksichtigt. Hier möchte ich Frau Julia Krüger, Wanderreitbetrieb mit Mulis, Bad Wildungen-Wega, danken, die mir umfangreiche Informationen und wertvolles Bildmaterial ihrer Tiere überlassen hat. Frau Grit Rensch, Reit- und Fahrtouristik Lychen, danke ich für gutes Bildmaterial und zahlreiche Informationen. Ihr Unternehmen ist im norddeutschen Raum der einzige Betrieb, in dem Mulis auch gefahren werden.

Auch die Befunde zu Eseln wurden ergänzt. Hier möchte ich Frau Ulli Sparber, Eselhof, Berndlgut, Oberösterreich, meinen besonderen Dank sagen. Sie hat mir ebenfalls Bilder geliefert, hat aber auch durch eigene Messungen die Ergebnisse zur Gewichtsermittlung in die Diskussion gebracht und weitere Forschungen angeregt.

Frau Judith Schmidt, 1. Vorsitzende der Interessengemeinschaft für Esel- und Mulifreunde in Deutschland, hat, angeregt durch die 1. Auflage dieses Buches, ihre sieben Esel gewogen und nach den Angaben von Hafner bzw. Pearson vermessen und die Ergebnisse zur Veröffentlichung zur Verfügung gestellt. Für diese Unterstützung möchte ich ihr ganz besonders danken.

Da weltweit über Esel und Mulis geforscht wird, war es recht schwierig, die entsprechende Literatur zu beschaffen. In diesem Zusammenhang möchte ich Frau Dipl.-Bibl. Maren Sommer, Mitarbeiterin der Bibliothek der Stiftung Tierärztliche Hochschule Hannover, ganz besonders danken. Mit Ehrgeiz und Freude an der Arbeit hat sie Literatur aus der ganzen Welt besorgt, seien es Bücher von 1894 oder Arbeiten aus Pakistan. Ohne ihre Hilfe wäre die Erstellung des Buches in der vorliegenden Form nicht möglich gewesen.

Frau Pastorin Friederike Grote, Burgdorf, gab mir einen Tipp zum Alten Testament, wo berichtet wird, dass schon zu Zeiten von David, 700–600 v. Chr., in Kleinasien von hochrangigen Persönlichkeiten Mulis geritten wurden. Auch ihr sage ich meinen Dank für diese Information.

Eine Zeichnung zum Thema weibliche Geschlechtsorgane erstellte die Tierärztin und Zeichnerin Eva Polsterer, Enzersdorf/F, Österreich, bekannt durch ihre zahlreichen ausdrucksvollen Zeichnungen in veterinärmedizinischen Fachbüchern. Ihr sage ich meinen besonderen Dank.

Die praktizierende Tierärztin aus Otze, Dr. Antje Midasch-Kaske, ermöglichte es mir, Aufnahmen von ihren Eseln mit ausgeprägtem Stirnschopf (Abb. 2-5) zu machen. Dafür vielen Dank.

Ein Foto der besonderen Art (Abb. 12-1) bekam ich von Frau Dr. Laura Schröter, Gemeinschaftspraxis für Pferde, 65232 Taunusstein. Dafür möchte ich mich hier bedanken.

Frau Dr. E. Engelke, Anatomisches Institut der Stiftung Tierärztliche Hochschule Hannover, danke ich für die Bearbeitung der Abb. 3-27 aus der 1. Auflage.

Frau Dr. A. Wöckener, Laboklin, Bad Kissingen, hat mich sehr kollegial und zeitaufwendig in Sachen klinische Grundlagen beraten, so dass durch sie das Buch für praktizierende Tierärzte an Wert gewonnen hat.

Herr cand. med. vet. Dominik Böhm stand mir auch bei dieser 2. Auflage hilfreich zur Seite, wenn es um Fragen der PC-Nutzung ging. Für diese zeitsparende Hilfe danke ich vielmals.

Der Kandidat des Studiengangs Master of Arts HSG (M.A. HSG) in Strategy and International Management der Universität St. Gallen, Herr Alexander Wissdorf, Rotenburg, Wümme, hat die Abb. 7-1 bis 7-8 aus einem Video entnommen und die passenden Fußungsschemata eingearbeitet. Für diese zeitaufwendige Unterstützung sage ich ihm meinen besten Dank.

Kurz vor Fertigstellung der 2. Auflage dieses Buches erhielt ich von Frau Dr. Otterstedt, Stiftung Bündnis Mensch & Tier, Bremen, Hinweise auf Bilddateien bei pixabay bzw. pixelio, in denen sich Bilder von Eseln befinden, die für die Darstellung der Thematik „Mehlmaul" verwendet werden konnten und eine sehr gute Ergänzung sind. Außerdem machte sie mich auf das Buch „Esel", die Bunte Reihe, Heft 1, der Stiftung Bündnis Mensch & Tier aufmerksam, in dem sehr viel über Unterschiede im Verhalten von Esel und Pferd berichtet wird. Dafür sage ich ihr meinen besten Dank.

Von Seiten des Verlags wurde meine Arbeit wiederum durch Frau Ramona Ramtke, Leiterin des Wissenschaftsbereichs und Lektorin im utzverlag, begleitet, die gewissenhaft und zu meiner vollsten Zufriedenheit für alle anstehenden Fragen Lösungen fand. Ihr Fachwissen ist beeindruckend, vielen Dank. Nach Ausscheiden von Frau Ramtke wurde die Betreuung des Buches durch den Lektor Herrn Simon Gstaltmeyr in der bewährten Präzision des Hauses fortgeführt. Auch ihm möchte ich meinen Dank sagen.

Zum Schluss möchte ich der Spenderin, die durch ihre großzügige Finanzierung die Publikation dieses Buch mit ermöglicht hat, vielmals danken.

Ehlershausen, März 2023 H. Wissdorf

Inhaltsverzeichnis

Einleitung

In den letzten Jahren werden **Hausesel** (Equus africanus f. asinus) vermehrt von Privatpersonen gehalten, finden sich als Streicheltiere in Zoos und werden, besonders in Süddeutschland, Österreich, der Schweiz und Frankreich als Wanderbegleittiere oder als Lastenträger (Abb. 1), und in der Landschaftspflege eingesetzt. **Maultiere**, Mulis (Equus mulus, USA auch Equus hinny) (siehe auch Kap. 1) sind morphologisch pferdeähnlicher und werden ebenfalls als Wanderreittiere gehalten. Besonders in Südamerika spielen Mulis eine große Rolle als Reittiere für die Fazenda-Arbeiter, werden aber auch von vielen Privatpersonen auf Grund der weichen Gänge und ihrer guten Charaktereigenschaften als Reittiere genutzt. In Frankreich werden speziell für die Maultierzucht besonders große Poitou-Esel gezogen. Durch Kreuzung mit Poitevin-Stuten werden sie dazu verwendet, eine große, rustikale Maultierrasse, das Poitevin-Maultier (160–170 cm), zu züchten.

Abb. 1 Esel als Lastenträger auf der Straße nach Adis Abeba

Bildquelle: iStock.com/urosr

Der Einsatz von Eseln als Schutzesel in Schafherden oder auf Rinderweiden wird immer wieder diskutiert. Es ist aber keine angeborene Aufgabe von Eseln, artfremde Tiere zu schützen. Natürlich verteidigt eine Eselstute ihr Fohlen und ein Hengst seine Stute oder auch Stuten. Durch Wiehern können sie natürlich auf die Gefahr aufmerksam machen, werden aber einen Wolf nicht vertreiben. Aus Italien ist bekannt, dass Wölfe auch Esel gerissen haben. Deshalb steht in den „Empfehlungen zur Haltung von Eseln" des Niedersächs. Ministerium für Ernährung, Landwirtschaft und Verbraucherschutz von 2020: Esel sind als Herdenschutztiere z. B. in der Schafhaltung, nicht geeignet. Dazu kommt, dass die für Esel viel zu proteinreiche Nahrungsgrundlage der hiesigen Weiden oft zu massiven Stoffwechselstörungen führt und Hufrehe die Folge ist. Oft fehlt auf den Weiden auch der vom Gesetzgeber vorgesehene Witterungsschutz, da Esel, anders als Pferde, ein nicht durchfettetes Fell haben und bei Regen schnell erkranken. Chronische Bronchitis ist in Deutschland die zweithäufigste Todesursache von Eseln.

Sowohl in Europa als auch in den USA werden Maultiere und Esel gefahren, sogar mehrspännig bis hin zur Turnierteilnahme. **Maulesel** (siehe auch Kap. 1) sind eselähnlicher in ihrem Aussehen und werden vorwiegend in den Mittelmeerländern und in Asien als Arbeitstiere für Warentransporte oder als Zugtiere, selten als Reittiere oft mit quersitzendem Reiter, genutzt. Aus diesen Einsatzgebieten der Esel und Maultiere ergibt sich für Tierärzte vermehrt die Notwendigkeit, Hilfe zu leisten.

Die hier aufgeführten Fakten sollen praktizierenden Tierärzten, Pathologen, Gutachtern und Juristen bei ihrer Arbeit eine Hilfe sein sowie Esel- und Maultierhaltern interessante Fakten vermitteln.

Weitere Angaben zu anatomischen Strukturen von Esel und Muli, die hier keine besondere Erwähnung finden, sind jeweils im Kapitel weiterführende Literatur zusammengestellt, da die Befunde mit denen beim Pferd identisch sind oder keine klinische Relevanz haben.

Die Fotos der anatomischen Präparate stammen alle aus Tunesien von Afrikanischen Eseln (Equus africanus f. asinus). Die Tiere hatten eine Widerristhöhe zwischen 140 und 150 cm Stockmaß und ein Gewicht zwischen 100 kg und 250 kg.

Kapitel 1
Rassen, Größen, Gewichtsermittlung, Altersschätzung und Verhalten

1.1 Rassen und Größen

Esel

Esel gibt es in verschiedenen Rassen und Größen. Eine grobe geographische Gliederung unterscheidet:
Europäische Esel,
Esel des mittleren Ostens,
Asiatische Esel,
Afrikanische Esel,
Nordamerikanische Esel,
Südamerikanische Esel,
Australische Esel

Die Einteilung in den einzelnen Ländern ist nach Hafner (2002) unterschiedlich:

Deutschland:
Zwergesel (Miniaturesel) haben eine Widerristhöhe von bis zu 105 cm und ein Gewicht von bis zu 120 kg,
Normalesel (Mittelgroße Esel) haben eine Widerristhöhe von bis zu 135 cm und ein Gewicht von bis zu 180 kg,
Riesenesel haben eine Widerristhöhe von über 135 cm und ein Gewicht von bis zu 450 kg.

Schweiz:
Zwergesel haben eine Widerristhöhe von bis zu 105 cm und ein Gewicht von 100–120 (150) kg,
Esel haben eine Widerristhöhe von bis zu 120 cm und ein Gewicht von bis zu 200 kg,

Großesel haben eine Widerristhöhe von über 121 cm und ein Gewicht von bis zu 400 kg.

England:

Miniaturesel haben eine Widerristhöhe von bis zu 91 cm (9 hands). Derzeit gibt es keine Mindestgrößenbeschränkungen für Miniaturesel, aber typischerweise werden Minis unter ca. 36 Zoll (91 cm) als proportional korrekte Tiere betrachtet. Eine Höhe von 38 Zoll (96 cm) wird als akzeptabel, aber weniger wünschenswert angesehen, und 40 Zoll (101 cm) und mehr wird als Überschneidung mit den Standardrassen vermerkt.
Small Standard Esel haben eine Widerristhöhe von bis zu 103,6 cm (10,2 hands),
Large Standard Esel haben eine Widerristhöhe von bis zu 123 cm (12 hands),
Spanish Standard Esel haben eine Widerristhöhe von über 123 cm (12 hands).

USA:

Miniaturesel sind bis 92 cm groß und haben ein Gewicht bis 100 kg,
Mammutesel (American Standard or Mammoth Jackstock, Jack and Jenny) haben eine Widerristhöhe von bis zu 56 inces = 143 cm (männliche Tiere),
Stuten sind bis zu 54 inches = 137 cm groß,
Wildesel sind etwa 125 cm groß und wiegen etwa 250 kg.

Tunesien:

Mittelgroße Esel haben eine Widerristhöhe von 100–110 cm und ein Gewicht von etwa 150 kg,
Großesel haben eine Widerristhöhe von 140–150 cm und ein Gewicht von bis zu 250 kg.

Marokko:

Es werden nur Arbeitsesel aufgelistet.
Die Widerristhöhe beträgt 82–129 cm,
Esel unter 3 Jahren haben ein Gewicht von 52–128 kg,
ältere Tiere wiegen 74–252 kg, die Körperlänge, am korrekt stehenden Esel vom Ellbogenhöcker, Tuber olecrani, bis zum Sitzbeinhöcker, Tuber ischiadicum, gemessen, beträgt 64–106 cm.

Maultier, auch Muli genannt, und Maulesel

Diese Tierbezeichnungen sind verdeutlichende Zusammensetzungen mit dem mittelhochdeutschen mül=Maultier und beruhen auf einer Entlehnung aus dem lateinischen: mulus.

Das Wort **Maultier** ist die Bezeichnung für das in den allermeisten Fällen unfruchtbare Kreuzungsprodukt (Chromosomensatz 63) einer Verpaarung von oft einem Groß-Eselhengst (Chromosomensatz 62) mit einer Pferdestute (Chromosomensatz 64). Auf Grund der Vielzahl von Pferderassen ergeben sich unterschiedliche Mulitypen mit unterschiedlichen Gangarten.

Maultiere wurden bereits in vorhistorischer Zeit in Kleinasien gezüchtet. In davidischer Zeit (**700–600 vor Chr.**) wurde das Maultier von zum Königshof gehörenden Personen als Reittier verwendet und spiegelte so zugleich den hohen Rang seiner Reiter.

Die meisten Mulis gibt es in Südamerika, wo sehr viel mit Stuten der Rassen Mangalarga marchador oder Campolino gezüchtet wird. Diese Mulis sind begehrte Reittiere, besonders auf den großen Facendas, da die Elterntiere entweder die Gangart Marcha Batida oder die Gangart Marcha Picada vererben (siehe Gangarten Kapitel 7). Als Lastenträger werden sie auch weltweit beim Militär eingesetzt.

In Abhängigkeit von den Elterntieren haben Mulis unterschiedliche Wideristhöhen. In Deutschland haben Reitmulis eine Widerristhöhe von 140 bis 150 cm, während gefahrene Mulis eine Widerristhöhe von 150 bis 165 cm haben. In Brasilien beträgt die Widerristhöhe der Reitmulis 130 bis 150 cm.

Das Wort **Maulesel** ist die Bezeichnung für das ebenfalls in den allermeisten Fällen unfruchtbare Kreuzungsprodukt einer Verpaarung von einem Pferdehengst mit einer Eselstute. Diese Tiere ähneln mehr dem Esel und werden vor allem in den Ländern Asiens und Afrikas als Arbeitstiere gezüchtet. Bei der Zucht von Mauleseln ist die Größe des Deckhengstes der Eselstute anzupassen, es werden häufig Ponyhengste verwendet. Beim Natursprung wird der längeren Treibephase des Esels Rechnung getragen, indem man die Eselstute erst durch einen Eselhengst treiben lässt und diesen zum Sprung durch den Pferdehengst ersetzt.

Die Interessensgemeinschaft für Esel und Mulifreunde in Deutschland geht von 10000 bis 20000 Eseln und Mulis aus. Da in den einzelnen Bundesländern bei den Equidenpässen keine Unterscheidung erfolgt, ist eine exakte Aussage nicht möglich.

1.2 Gewichtsermittlung

Die genaue Ermittlung des Gewichts des Esels ist z. B. wichtig vor der Verabreichung von Medikamenten wie Wurmmittel, vor allem aber bei der Berechnung von Sedativa und Anästhetika.

Gewichtsermittlungen bei erwachsenen Eseln sind häufig sehr schwierig, da sich das Gewicht von dem gleichgroßer Ponys unterscheidet. Auch Werte von „Gewichtsmaßband-Messungen" für **Pferde** können nicht auf **Esel** übertragen werden. Grund dafür ist einmal die andere Körperform des Esels und zum andern sind es die unterschiedlich ausgeprägten lokalen Fettdepots (Abb. 4-1).

In der zugängigen Literatur werden vier Möglichkeiten der Gewichtsermittlung aufgeführt:

1. Möglichkeit nach Hafner (2002)
2. Möglichkeit nach Pearson und Quassat (2000)
3. Möglichkeit nach Schwarz und Anen (2014)
4. Möglichkeit nach Duncam and Hadrill (2008)

1. Möglichkeit (nach Hafner 2002)

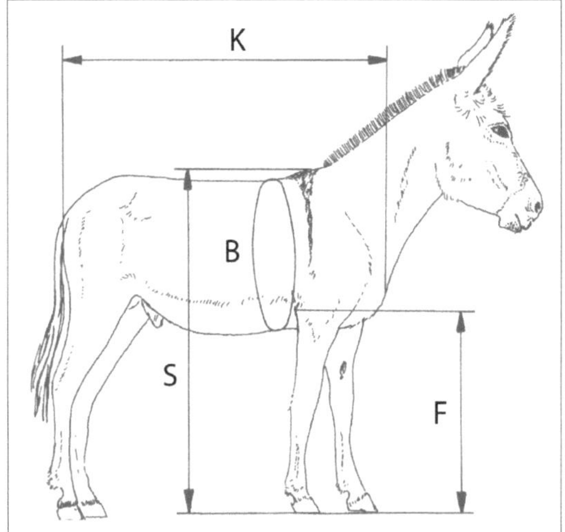

Abb. 1-1 Maße und Formel zur Ermittlung des Körpergewichts.

B Brustumfang in cm; F Länge vom Ellbogen bis zur Hufsohle in cm; K Körperlänge in cm; S Widerristhöhe in cm

Mit freundlicher Genehmigung durch den Ulmer Verlag aus M. Hafner: Esel halten, 2002, übernommen

Formel:
Gewichtsermittlung in Kg:

$$\frac{(\text{Widerrist - Ellbogen-Hufsohlenlänge}) \times \text{Brustumfang} \times \text{Körperlänge}}{3500}$$

2. Möglichkeit (nach Pearson 2000)

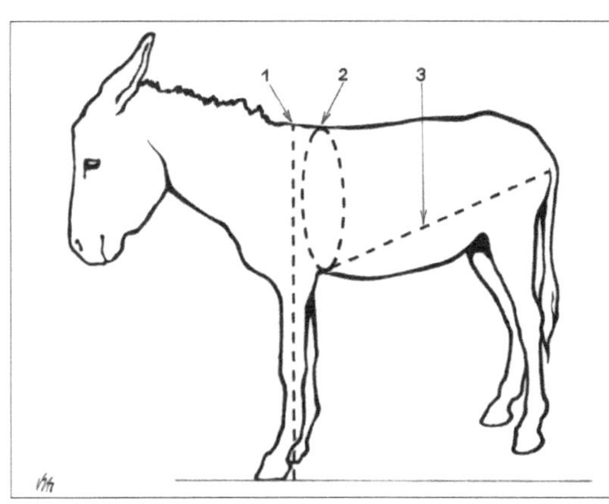

Abb. 1-2 Messungen am korrekt stehenden Esel.

1 Höhe (Stockmaß); 2 Umfang in Höhe des Herzens; 3 Körperlänge (Stockmaß)

Aus: Pearson und Quassat, 2000: ISBN 0-907146-11-2, gespiegelt

Formel:
Gewichtsermittlung in Kg:

$$\frac{(\text{Gurtumfang in Höhe des Herzens in cm})^{2{,}12} \times (\text{Länge vom Ellbogenhöcker bis zum Sitzbeinhöcker in cm})^{0{,}688}}{3801}$$

3. Möglichkeit (nach Schwarz und Anen 2014)

Formel:
Gewichtsermittlung in Kg:

$$\frac{(\text{Gurtumfang in Höhe des Herzens in cm})^{2{,}65}}{2188}$$

Mit Hilfe der x^y Taste eines Taschenrechners ist das Gewicht schnell zu ermitteln.

Die **4. Möglichkeit (Duncam and Hadrill, 2008)** soll in einem **Nomogramm** unter Berücksichtigung der Widerristhöhe und des Brustumfangs in Höhe des Herzens (cm) eine Gewichtsermittlung mit einer Fehlerquote innerhalb von 10 Kg ermöglichen. Diese Form der Ermittlung des Gewichts ist in Großbritannien gebräuchlich.

Tab. 1.1 Gewichtsermittlungstabelle (**Nomogramm**) für Esel

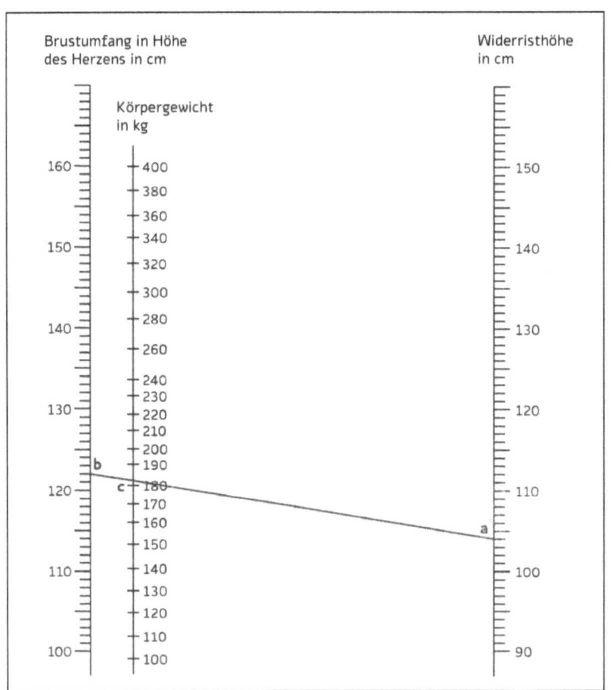

Mit freundlicher Genehmigung übernommen aus: Duncan, J. and Hadrill, D. (2008): The Professional Handbook of the Donkey, 4. Auflage, Appendix 3, Seite 400.

Beispiel:
Ein Esel mit einer Widerristhöhe von 104 cm (a) und einen Brustumfang in Höhe des Herzens von 122 cm (b) sollte 181 kg wiegen.

Achtung: Nach Aussage der Autoren ist das Nomogramm zwar ein wirksames Instrument zur Schätzung des Gewichts, aber seine Genauigkeit kann nicht garantiert werden!!!!

In Großbritannien wird nach unten stehender Tabelle das Gewicht von Eseln unter 2 Jahren ermittelt.

Tab. 1.2 Gewichtsermittlungstabelle für Esel unter 2 Jahren, übernommen aus: The Clinical Companion of the Donkey, 2nd ed. (2021), Appendix 2, Seite 277

Brustumfang in Höhe des Herzens	Gewicht in kg
75	46
76	47
77	49
78	51
79	53
80	55
81	57
82	59
83	61
84	63
85	65
86	67
87	69

Brustumfang in Höhe des Herzens	Gewicht in kg
88	71
89	74
90	76
91	78
92	81
93	83
94	86
95	88
96	91
97	94
98	96
99	99
100	102

Zur Überprüfung der in der Literatur angegebenen Gewichtsermittlungsmöglichkeiten von Eseln haben sich zwei Eselbesitzerinnen nach Studium der 1. Auflage dieses Buches die Mühe gemacht, ihre Tiere zu wiegen und zu vermessen. Die Ergebnisse sind in den Tabellen 1.3 und 1.4 zusammengestellt.

Tab. 1.3 Gewichtsermittlung von fünf Europäischen Eseln (Besitzerin: Ulli Sparber, Eselhof Berndlgut, Oberösterreich) nach den in der Literatur angeführten vier Möglichkeiten.

	Napoleon, 10 J.	Balthasar, 5 J.	Luiserl, 8 J.	Talitha, 4 J.	Pinoccio, 3 J.
Lebendgewicht in kg	**185**	**170**	**150**	**155**	**140**
Gewicht nach Hafner in kg	186	172	182	247	203
Gewicht nach Pearson/Quassat in kg	200	175	184	183	187
Gewicht nach Schwarz/Anen in kg	190	171	168	171	168
Gewicht nach Nomogram UK in kg	225	202	200	202	200

Die Überprüfung der vier in der Literatur angegebenen Formeln (Tab. 1.3) mit Messwerten von fünf **Europäischen Eseln** in einem normalen Ernährungszustand ergab bei den ersten drei Formeln brauchbare Ergebnisse für das erste und das zweite Tier (Tabelle 1.3) während bei den drei weiteren Tieren erhebliche Abweichungen vom Lebendgewicht auftraten.

Weitere Ergebnisse der Gewichtsermittlung wurden von sieben Eseln verschiedener Rassen (Besitzerin: Judith Schmidt, Grüfflingen) errechnet.

Tab. 1.4 Gewichtsermittlung nach Hafner bzw. Pearson/Quassat von sieben Eseln verschiedener Rassen

	Gismo, 12 J.	Leon, 7 J.	Blue, 11 J.	Samuel, 22 J.	Abraham, 17 J.	Ephraim, 15 J.	Le Chaim, 12 J.
Lebendgewicht in kg	**349**	**349**	**74,5**	**131,5**	**231**	**247**	**239**
Gewicht nach Hafner in kg	389	456	82	137	237	262	263
Gewicht nach Pearson/Quassat in kg	324	355	78	130	226	244	244

Die Ergebnisse der Gewichtsermittlung der sieben Esel **verschiedener Rassen** (Tab. 1.4): 1. Großesel: Baudet du Poitou Mischling; 2. Großesel: Martina-Franca-Esel; 3. Miniaturesel; 4. Zwergesel; 5. Provence-Esel Mischling; 6. Provence-Esel-Mischling; 7. Mischling aus Zwergesel und Großesel, mit den Formeln nach Hafner bzw. Pearson/Quassat brachten bei Pearson/Quassat Werte, die dem gemessenen Lebendgewicht am Nächsten kamen, wobei sie eher etwas niedriger waren als das Lebendgewicht oder nur geringfügig darüber lagen.

Das Ergebnis aller Messungen besagt, dass eine Nutzung der Messmöglichkeiten für tierärztliche Tätigkeiten zu überdenken ist, besonders wegen der Gefahr von Überdosierungen.

Speziell für **Esel** wurde ein Wiegeband entwickelt. Dieses eignet sich zur **Schätzung** des Gewichts eines Esels, während Wiegebänder für **Pferde** und **Ponys** nicht geeignet sind.

Das eselspezifisches Wiegeband ist online unter donkeyweightape.com zu finden.

1.3 Body Condition Score (BCS-System), Körperkonditionsbewertung

Ein sehr gutes und praktisches BCS-System wurde von Pearson und Quassat vom Centre for Tropical Veterinary Medicine, University of Edinburgh, 2000, veröffentlicht. Dabei soll immer darauf Wert gelegt werden, den Esel abzutasten, da dichtes Fell ein größeres Gewicht vortäuschen kann.

Bewertung der Körperkondition von Eseln
nach Pearson, R. A. and M. Quassat (2000), ohne Bilder, übersetzt und ergänzt:

Erstmals werden **drei Hauptkategorien**: dünn, normal genährt und fett, festgelegt.

1. **Dünn**: Skelett ist deutlich sichtbar;
2. **Normal genährt**: weder Skelettanteile noch Fettpolster treten deutlich hervor;
3. **Fett**: Muskulatur und Fett sind deutlich sichtbar.

Beachte: Untersuchen Sie den Esel genauer, unterteilen Sie die gewählte Hauptkategorie in **drei Unterkategorien** und geben Sie dem Tier eine Bewertung: 1–3 dünn, 4–6 normal genährt, 7–9 fett.

1. Dünn

1 **Sehr dünn**:
Extrem abgemagert; Schulterblätter, Rumpfknochen und Rippen treten deutlich hervor; minimale Muskelentwicklung; das Tier ist schwach und lethargisch.

2 **Dünn, untergewichtig**:
Abgemagert; einzelne Knochen (Schulterblätter, Dornfortsätze, Rippen, Hüfthöcker/Tuber coxae, Sitzbeinhöcker/Tuber ischiadicum, Sprunggelenke) ragen hervor; schwache Muskelentwicklung; dünner Hals.

3 **Mäßig dünn**:
Dornfortsätze prominent, einzelne Knochen tastbar; wenig Körperfett; schwach entwickelte Muskulatur über Knochenfortsätzen vorhanden; Rippen zu fühlen, Hüfthöcker und Sitzbeinhöcker prominent; Lenden- und Kruppenbereich konkav; wenig Muskel- und Fettgewebe auf Schultern und Widerrist.

2. Normal genährt

4 **Mäßig normal genährt**:
Hals, Widerrist und Schultern haben etwas Muskeln und Fett, Schulterblätter kaum sichtbar, Rippen tastbar, aber kaum sichtbar; Dornfortsätze sichtbar; Sitzbeinhöcker tastbar, aber nicht sichtbar; Hüfthöcker bedeckt, aber tastbar; Kruppe flach.

5 **Normal genährt**:
Gute Muskelentwicklung, etwas Fett in der Schulterregion und an der Halsbasis; Rippen tastbar, aber nicht sichtbar. Dornfortsätze und Querfortsätze von Fett und Muskeln bedeckt, aber palpierbar; Widerrist sanfter Übergang in den Rücken; Hüfthöcker und Kruppe bedeckt und konvex; Sitzbeinhöcker nicht sichtbar.

6 **Mehr als normal genährt:**
Etwas Fett am Hals, an der Halsbasis und an den Schultern; gleichmäßiger

Übergang von Hals in Schulterbereich; Dornfortsätze nicht leicht tastbar; Rückenbereich flach; Kruppe konvex und gut bemuskelt; Hüfthöcker gerade noch sichtbar.

3. *Fett*

7 **Mäßig fett:**
Bedeckter Rücken; Knochenfortsätze nicht sichtbar; Hüfthöcker gerade noch tastbar; Fetteinlagerungen an Hals und Schulter fangen an sich auf die Rippen auszubreiten; Flanken werden rundlich; Hals breit und kräftig.

8 **Fett, übergewichtig:**
Tier erscheint sehr fleischig, vollleibig und abgerundet; Hals hat deutliche Fetteinlagerungen; Widerrist ist markant ausgebildet; Rippen sind dorsal nur mit Druck zu palpieren, ventral sind sie leichter zu tasten. Fettpolster sind ziemlich gleichmäßig verteilt; Flanken rund und Rücken breit.

9 **Sehr fett (adipös):**
Knochen von Fett bedeckt; Rücken sehr breit und möglicherweise mit Fettpolstern entlang der Wirbelsäule. Manchmal ist die Fetteinlagerung im Halsbereich so umfangreich, dass die Mähne zur Seite kippt, was im englischen Sprachbereich „broken crest" genannt wird (Abb. 4-1). Sehr große Fetteinlagerungen an Hals, Schultern und Rippen; Flanken mit Fett gefüllt. Auffallend sind weitere Fettpolster beiderseits des Schwanzursprungs, oft ungleichmäßig verteilt und wulstig.

Mulis liegen bei der Körperkonditionsbewertung zwischen Pferd und Esel. Hals und seitlicher sowie oberer Brustbereich speichern Fett wie beim **Esel**, während der Rumpf mehr den Verhältnissen vom **Pferd** ähnelt.

Eselfohlen, Gewicht

Ein Fohlen mittelgroßer Esel wiegt ca. 15 kg, ein Miniatureselfohlen aber nur ca. 7 kg.

1.4 Altersschätzung

Esel werden im Allgemeinen älter als **Pferde**, bis zu 50 Jahre, wobei kleine Tiere älter werden als große, die bereits mit 10 Jahren als alt gelten. Dadurch sind Altersschätzungen oft schwieriger als bei Pferden. Jüngere Tiere können durch Überprüfung des Zahnstatus noch gut eingeschätzt werden.

1.5 Verhalten von Eseln

Die **Esel** der einzelnen Rassen vom Miniaturesel bis hin zum Riesenesel zeigen oft unterschiedliche Verhaltensweisen, oft bedingt durch die unterschiedlichen Haltungen. Bei den Europäischen Eseln wird ein ausgeprägtes Paarverhalten beschrieben. Schon eine Trennung zweier Partner durch Transport oder Tod kann zu extremem Stress führen, der eine Essstörung bis hin zur Magersucht, **Anorexie**, und der gefürchteten Erhöhung der Blutfette, Triglyceride, als **Hyperlipämie** bezeichnet, führen kann.

Das als störrisch bezeichnete Verhalten der Esel ist eine Vorsichtsmaßnahme, der Herkunft der Esel aus trockenen, kargen Gegenden geschuldet, in denen eine Flucht, wie bei Pferden üblich, wenig erfolgversprechend ist. Eher stellt man sich auf eine Auseinandersetzung ein.

Kapitel 2
Haut, *Integumentum commune*
(siehe auch Kapitel 14 Haut als Organ)

2.1 Signalement

Die Aufnahme des Signalements in das Untersuchungsprotokoll vom **Esel** bzw. **Maultier**, auch kurz **Muli** genannt, erfolgt zur Dokumentation der Identität und ist besonders bei forensisch geforderten Sektionen notwendig. Im Protokoll werden angeborene, unveränderliche Kennzeichen sowie Narben von Verletzungen oder Operationen festgehalten.

Hierbei spielt die unterschiedliche Zeichnung des sog. Mehlmauls eine wesentliche Rolle (Abb. 2-4A bis 2-4D) und muss immer bildlich festgehalten werden.

2.2 Fellfarbe

Esel werden nicht nur in der bekannten grauen Farbe gezüchtet. Die Fellfarben variieren zwischen hellen Sandfarben, cremefarben, sehr hellen bis dunklen Grau-, Braun- und Schwarztönen, wobei der Unterbauch und der Unterbrustbereich häufig grau-weiß sind und die Ganaschengegend sowie die Gliedmaßen selten weiß sind. Es gibt aber auch Esel mit vielfarbiger und gescheckter Fellzeichnung (Abb. 2-1). Weiße Esel finden sich unter anderem im Nationalpark Neusiedler See, hier auch als Barock-Esel bezeichnet. Einige dieser Esel haben helle, rosafarbene Nüstern und Lippen, andere hell rotbraune. Weiße Esel finden sich aber auch als Genmutation auf der zu Sardinien gehörenden Insel Asinara. Fuchsfarbige Esel werden hauptsächlich in den USA und Südamerika gezüchtet und werden „Chestnut donkey" genannt. **Mulis** gibt es in allen Fellfarben wie bei den Pferden, auch Schecken. Weiße Abzeichen an den Gliedmaßen und am Kopf können bei Mulis auftreten ebenso wie Zebrastreifung an den Gliedmaßen.

Aufnahme aus Video (You Tube): https://youtu.be/JHHSzVeM3MY, Frequenz: 5:06/7:22

Abb. 2-1 Brasilianischer Scheckesel mit den landestypisch ausrasierten Ohren, deren Spitzen leicht nach innen gerichtet sind, was bei Brasilianischen Eseln öfters vorkommt.

2.3 Haarwirbel

Die Aufnahme der Lage von Haarwirbeln in das Protokoll ist zur Identitätsfeststellung notwendig. **Europäischen Eseln** fehlt meistens der bei **Pferden** typische Stirnhaarwirbel, dafür ist aber immer mittig auf den Nasenrücken ein Haarwirbel in Höhe der nasalen Augenwinkel oder weiter rostral ausgebildet, hier als **Nasenrückenwirbel** bezeichnet (Abb. 2-1A; 2-1B; 2-1D; 2-1E; 2-5D), der auch bei **deutsch gezogenen Mulis** (Abb. 2-1C; 2-1D) auftritt, bei **Brasilianischen Eseln** selten ist (Abb. 2-5E) und bei **Pferden** in der zugängigen Literatur nicht beschrieben wird. **Brasilianische Esel** können sowohl einen Stirnschopf, einen Stirnhaarwirbel und einen Nasenrückenwirbel besitzen (Abb. 2-1E).

Abb. 2-1A Afrikanischer Esel mit einem Haarwirbel auf dem Nasenrücken in Höhe der nasalen Augenwinkel und einem Schwarzweißmaul.

Aufnahme: Prof. Hassen Jerbi, Tunesien

Abb. 2-1B Afrikanischer Esel mit einem Haarwirbel auf dem Nasenrücken weit unterhalb der Augen und mit einer breiten Blesse auf dem Nasenrücken.

Aufnahme: Prof. Hassen Jerbi, Tunesien

Abb. 2-1C Deutsch gezogener **Muli** mit kleinem Stirnhaarwirbel und kleinem Haarwirbel auf dem Nasenrücken.

Besitzerin und Aufnahme: Julia Krüger, Wanderreitbetrieb, Am Silbergraben 1, 34537 Bad Wildungen-Wega

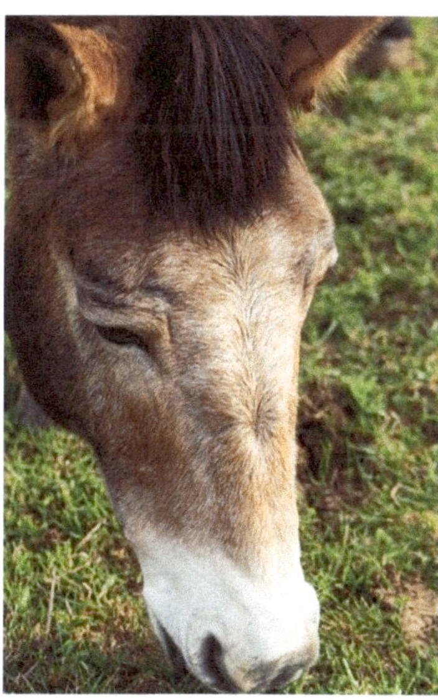

Abb. 2-1D Deutsch gezogener **Muli** mit Stirnschopf und Nasenrückenwirbel.

Besitzerin und Aufnahme: Julia Krüger, Wanderreitbetrieb, Am Silbergraben 1, 34537 Bad Wildungen-Wega

Abb. 2-1E Brasilianischer Esel mit längerem Stirnschopf, Stirnhaarwirbel und Nasenrückenwirbel. Zwischen den Nüstern ist kein Weiß vorhanden, es handelt sich um ein Schwarzweißmaul.

Besitzer: Faculdade de Medicina Veterinária e Zootecnia – Botucatu – SP
Aufnahme: Dr. Carlos Alberto Hussni, Botucatu, Brasilien

2.3.1 Helle Augenringe (siehe auch Kap. 2.4 Pangare-Gen)

Esel besitzen unterschiedlich große, helle Augenringe (Abb. 2-2A bis Abb. 2-2C; Abb. 2-4; 2-7) mit unterschiedlich intensiver, bei Poitou-Eseln extrem starker, Behaarung in diesem Bereich (Abb. 2-2C).

In der zugängigen Literatur werden diese Augenringe für das Pferd nicht beschrieben, bei Mulis sind sie häufig nachweisbar.

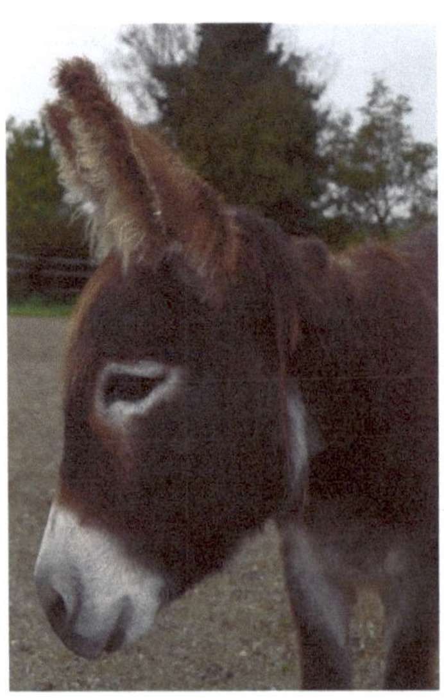

Abb. 2-2A Europäischer Esel mit hellen Augenringen und Stirnschopf.

Besitzerin und Aufnahme: Ulli Sparber, Eselhof, Berndlgut, Oberösterreich

Abb. 2-2B Esel aus dem Nordosten Brasiliens mit kurzem, aufrecht stehenden Stirnschopf, ohne Stirnhaarwirbel und ohne Haarwirbel auf dem Nasenrücken, mit Augenringen. Das Tier hat ein Schwarzweißmaul.

Besitzer: Faculdade de Medicina Veterinária e Zootecnia – Botucatu – SP
Aufnahme: Dr. Carlos Alberto Hussni, Botucatu, Brasilien

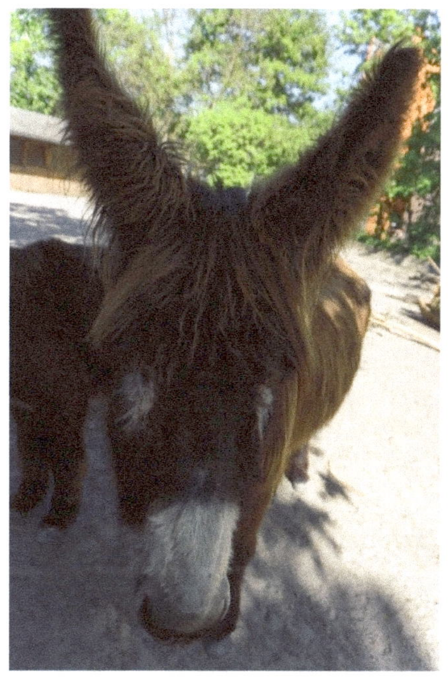

Abb. 2-2C Poitou-Esel mit großen Ohren, Stirnschopf, weit rostral liegendem Nasenrückenwirbel sowie mit langen weißen Haaren im unteren Augenlidbereich.

Aufnahme: Frederik Linti, Zoo Heidelberg

2.4 Das sogenannte Mehlmaul und das Schwarzweißmaul

Der volkstümliche Begriff **„Mehlmaul“**, beim Pferd auch als **„Milchmaul“** bezeichnet, wird fälschlicherweise für zwei optisch und genetisch unterschiedliche Erscheinungsformen benutzt.

Der Begriff **Mehlmaul** lässt vermuten, das ganze Maul sei weiß. Dies ist aber nur der Fall bei Tieren, die einen Mutationsdefekt **(Leuzismus, siehe unten)** haben (Abb. 2-3_1; Abb. 2-$4A_6$, rechtes Tier).
Der Begriff **Mehlmaul** steht aber auch für Tiere mit sehr unterschiedlich geformten, angeborenen, nur schwach oder gar nicht behaarten, unveränderlichen und unterschiedlich gefärbten Hautpartien am unteren Kopfbereich von Eseln, Ponys und Mulis, **(Pangare-Gen, siehe unten)**, (Abb. 2-3_2; Abb. 2-3_3; Abb. 2-4; Abb. 2-4A).

Abb. 2-3$_1$ Durch Leuzismus verursachtes echtes Mehlmaul eines Tinkers.

Bildquelle: https://commons.wikimedia.org/wiki/File:Tinker_Mehlmaul.jpg

Abb. 2-3$_2$ Exmoorpony mit einem Schwarzweißmaul.

Bildquelle: https://www.pinterest. de/knottedflowers/herd-of-horses/

Abb. 2-3$_3$ Dartmoorpony mit einem Schwarzweißmaul.

Bildquelle: https://www.nzherald.co.nz/hawkes-bay-today/news/chb-harbours-herd-of-rare-dartmoor-ponies/IZ6J4Z4EHCJ4NAP3QZ2BTQNNFI/

Um diese unhaltbare Situation zu beenden wird hier vorgeschlagen für die Tiere, die kein rundum weißes Maul haben, sondern immer schwarze Anteile z. B im Bereich der Oberlippe und zwischen den Nüstern besitzen, den Terminus **Schwarzweißmaul** zu verwenden, was dem Erscheinungsbild entspricht. So gekennzeichnete Esel finden sich weltweit.

In den Abbildungen 2-3$_1$ bis 2-4D werden einige Varianten der Form und Farbe der Haut von Maul- und unterem Nasenbereich von Eseln (Abb. 2-4 bis Abb. 2-4A$_7$), einem Tinker und Ponys (Abb. 2-3$_1$ bis Abb. 2-3$_3$), aber auch von Barockeseln (Abb. 2-4A$_8$ bis Abb. 2- 4A$_{11}$), sowie Mulis (Abb. 2-4B bis Abb. 2-4D) abgebildet.

Auffallend ist, dass sich eine rundum helle, allgemein als „Mehlmaul“ zu bezeichnende Färbung bei Eseln fast nur bei Barockeseln mit blauen Augen findet und dabei die rosa farbige, oft schwach oder gar nicht behaarte Haut im Nüstern- und Lippenbereich auffällt (Abb. 2-4A$_{10}$; 2-4A$_{11}$). Es gibt aber auch Barockesel mit dunklem Maulbereich (Abb. 2-4A$_8$; 2-4A$_9$), selbst wenn sie weiße Hufe haben (Abb. 2-4A$_9$). Bei Eselschecken kann es auch zur Scheckung des Maulbereichs kommen (Abb. 2-4A$_5$), wobei auch rosa farbige, pigmentfreie Hautabschnitte auftreten (Abb. 2-4A$_3$; 2-4A$_7$), die hier als Schnippe bezeichnet werden.

Die meisten Esel der Gruppe Schwarzweißmaul haben auch deutliche helle Augenringe (2-2A bis 2-2C; 2-4; 2-7), typisch für Tiere mit Pangare-Gen, siehe unten

Unter Berücksichtigung der vorliegenden Befunde ist die Benutzung des Terminus „Mehlmaul“ ohne nähere Erläuterung nicht zu rechtfertigen.

Es wird vorgeschlagen, je nach Farbe und Form des betroffenen Hautabschnitts der nicht rundum weiß ist, bei diesen Eseln von einem **Schwarzweißmaul** zu sprechen. Alle diese Esel haben zwar einen weißen bis grauen unteren Nasenrückenabschnitt (Abb. 2-4A_7). Aber der mittlere Teil der Oberlippen ist nicht weiß und auch der Bereich zwischen den Nüstern ist schwarz oder nur unregelmäßig weiß (Abb. 2-4 bis Abb. 2-4A_2). Der Unterlippenrand ist ebenfalls meistens dunkel, das Kinn oft hell (Abb. 2-4A_2) oder dunkel (Abb. 2-3_3). Auffallend sind die hellen Augenringe bei diesen Tieren (Abb. 2-2A; 2-2B; 2-4; 2-4A_2). Deshalb muss zur Identifizierung eines Esels oder Mulis, aber auch von Pferden (Ponys) für ein Gutachten, diese Farbverteilung im Maul- und Nasenbereich genau beschrieben oder durch Fotos dokumentiert werden.

Leuzismus (Farblosigkeit) ist eine Defekt-Mutation, die dazu führt, dass das Fell weiß und die darunterliegende Haut rosa ist, da die Haut keine Melanozyten (farbstoffbildende Zellen) enthält. Im Gegensatz dazu sind beim **Albinismus** die Zellen zwar vorhanden, aber unfähig den Farbstoff Melanin zu bilden.

Esel und Ponys die das **Pangare-Gen** tragen, haben helle Augenringe (Abb. 2-2A; 2-2B; 2-3_3) unterschiedlich große, helle Hautanteile auf dem unteren Teil des Nasenrückens (Abb. 2-2B) und an den Lippenwinkeln, oft auch an den Oberlippen, an den Unterlippen und am Kinn aber nicht zwischen den Nüstern (Abb. 2-1E; 2-2A bis 2-2C; 2-3_2; 2-3_3; 2-4; 2-4A), also kein echtes Mehlmaul. Sie haben aber meistens einen hellen Bauch und helle Beininnenseiten. Auch die Flanken können leicht aufgehellt sein.

Als weitere Farbvariante tritt **Cremello** auf. Das Cream-Gen bewirkt eine Aufhellung der Fellfarbe und wird als Dilute-Gen geführt.

Cremellos kommen bei Pferden und Esel vor.

Abb. 2-4 Maulbereich eines **Europäischen Esels** mit typischem nicht mehlfarbenem rostralem Bereich von Nüstern, Oberlippe, Unterlippe, aber deutlichem hellen, unteren Nasenrückenabschnitt und seitlichen Lippenbereichen sowie deutlichen hellen Augenringen. Dies ist ein Schwarzweißmaul

Aus M. Hafner: Esel halten, Ulmer 2002, Abb. Seite 76, Ausschnitt. Mit freundlicher Genehmigung übernommen.

Abb. 2-4A Brasilianischer Esel mit typischen nicht mehlfarbenem rostralem Bereich von Nüstern, Oberlippe und Unterlippe aber deutlichem hellen, schwach behaarten unteren Nasenrückenabschnitt und seitlichen Lippenbereichen. Auffallend sind außerdem die hellen Augenringe. Dies ist ein Schwarzweißmaul

Besitzer: Faculdade de Medicina Veterinária e Zootecnia – Botucatu – SP
Aufnahme: Dr. Carlos Alberto Hussni, Sao Paulo, Brasilien

Abb. 2-4A$_1$ Esel mit auffallendem Weißbereich am unteren Ende der Nase, im oberen Drittel zwischen den Nüstern und an den Außenrändern der Nüstern, sowie seitlich an den Oberlippen. Dies ist kein „Mehlmaul", sondern ein Schwarzweißmaul.
Außerdem hat der Esel eine schwache Behaarung der Ohrmuschelränder, aber eine intensivere Behaarung am inneren Ohrrand in Höhe des Ohreingangs.

Bildquelle: Dr. Carola Otterstedt: Esel, S. 64

Abb. 2-4A$_2$ Esel mit langem, schmalem intensiven Weissbereich zwischen den Nüstern sowie an deren Außenrändern bis hin zur Oberlippe, weißes Kinn. Dies ist kein „Mehlmaul", sondern ein Schwarzweißmaul. Außerdem hat der Esel eine sehr dichte Behaarung aller vier Ohrmuschelränder.

Abb. 2-4A$_3$ Scheckesel mit haarlosem weiß-rosanem Hautbereich, Schnippe, zwischen den Nüstern.

Bildquelle: Dr. Carola Otterstedt: Esel, S. 9, gespiegelt

Abb. 2-4A$_4$ Scheckesel mit deutlich sichtbarem Unterschied in der Haardichte und der Haarlänge von Kopfbereich und Nasen-Maulbereich. Außerdem hat der Esel dunkle Lippenränder und einen dunklen Zwischennüsternbereich. Es handelt sich um ein Schwarzweißmaul.

Bildquelle: Dr. Carola Otterstedt: Esel, S. 14

Abb. 2-4A$_5$ Zwei **Scheckesel** mit dunklem Maul, wobei das linke Tier mittig im Maul einen hellen Streifen, Schnippe, wie beim Pferd, aufweist.

Bildquelle: Dr. Carola Otterstedt: Esel, S. 23

Abb. 2-4A$_6$ Variationen der Maulfarbe bei **Eseln** mit unterschiedlicher Fellfarbe. Das rechte Tier hat auffallend helle Ober- und Unterlippe. Dies ist ein **Mehlmaul.** Die beiden anderen Esel haben typische Schwarzweißmäuler.

Bildquelle: Sylvia Riedl / pixelio.de

Abb. 2-4A$_7$ Variationen der Maulfarbe bei **Eseln** mit unterschiedlicher Fellfarbe. Das Tier links hat eine breite Blesse am unteren Nasenende, das Tier in der Mitte hat ein geschecktes Schwarzweißmaul und das Tier rechts besitzt ein typisches Schwarzweißmaul.

Bildquelle: Dr. Carola Otterstedt: Esel, S. 65

Abb. 2-4A$_8$ Zwei **Barockesel** mit dunklen Mäulern und dunklen Hufen.

Bildquelle: iStock.com/fotohalo

Abb. 2-4A$_9$ Barockesel aus der österreich-ungarischen Herde am Neusiedler See mit dunklen Oberlippen und hellen Hufen.

Bildquelle: iStock.com/Zwilling330

Abb. 2-4A$_{10}$ Barockesel mit blauen Augen und einem rundum hellen rosafarbenen Maul- und Nüsternbereich. **Dies ist ein echtes Mehlmaul.**

Bildquelle: St. Martins, Therme und Lodge, Frauenkirchen, Österreich

Abb. 2-4A$_{11}$ Barockesel mit blauen Augen und weiß-rosa Lippen. **Dies ist ein echtes Mehlmaul.**

Bildquelle: Tierwelt Herberstein, Oberösterreich, 8223 Stubenberg am See.

Abb. 2-4B Mulifohlen, Rheinisches Deutsches Kaltblut × Martina Franka Esel mit für Hausesel typischen nicht mehlfarbenem rostralem Bereich von Nüstern, Oberlippe und Unterlippe, aber deutlichem hellen, schwach behaarten unteren Nasenrücken und seitlichen Oberlippenbereichen. Dieser helle Bereich dehnt sich geringgradig zwischen die Nüstern aus. Dies ist kein „Mehlmaul", sondern ein Schwarzweißmaul.

Besitzer und Aufnahme: Reit- und Fahrtouristik Rensch, 17279 Lychen

Abb. 2-4C Mulischimmel und brauner Muli mit aufgehelltem Bereich des unteren Anteils des Nasenrückens und typischen nicht mehlfarbenem rostralem Bereich von Nüstern, Oberlippe, Unterlippe und Kinn. Dies sind beides Tiere mit Schwarzweißmäulern.

Besitzer und Aufnahme: Reit- und Fahrtouristik Rensch, 17279 Lychen

Abb. 2-4D Mulischimmel mit deutlichen hellen und dunklen Anteilen im Lippen- und Nüsternbereich, kein „Mehlmaul", sondern ein Schwarzweißmaul.

Besitzer und Aufnahme: Reit- und Fahrtouristik Rensch, 17279 Lychen

2.5 Blesse

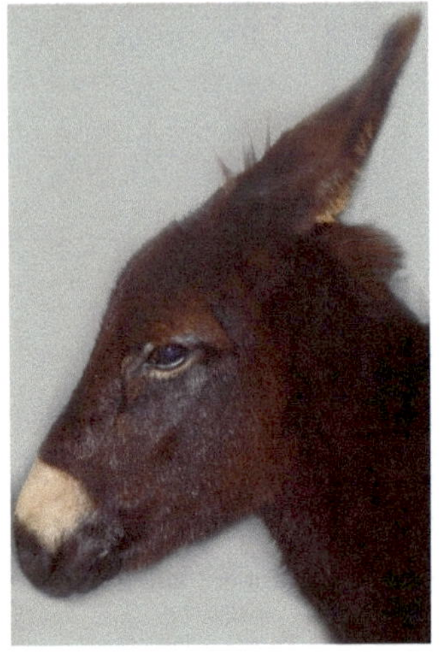

Dunkelbraune **Esel** haben selten rostral auf dem Nasenrücken einen rechteckigen weißen bis gelblichen Bereich ausgebildet, der jederseits auf der Wand des Nasenflügels und rostral bis an die Nasenöffnungen verläuft (Abb. 2-1B).

Diese Zeichnung ist eine Blesse. Beim Pferd ist diese Form einer Blesse in der zugängigen Literatur nicht beschrieben.

Abb. 2-4D$_I$ **Esel** der Abb. 2-1B, Seitenansicht, breite Blesse.

Präparation und Aufnahme: Professor Hassen Jerbi, Tunesien

2.6 Mähne, Stirnschopf und Stirnpony

Die meisten **Esel** haben eine Stehmähne, nur selten gibt es eine Hängemähne. Der beim **Pferd** typische Stirnschopf (Abb. 2-4E) ist beim **Esel** oft nur kurz und aufrecht stehend ausgebildet (Abb. 2-2B; 2-4F; 2-4H) oder fällt mit einer oder mehreren Strähnen auf die Stirn (Abb. 2-1E; 2-4G). Beim **Poitou-Esel** (Abb. 2-2C) ist der Stirnschopf immer vorhanden. Bei **Mulis** kann der Stirnschopf deutlich ausgebildet sein (Abb. 2-1D; 2-4C).

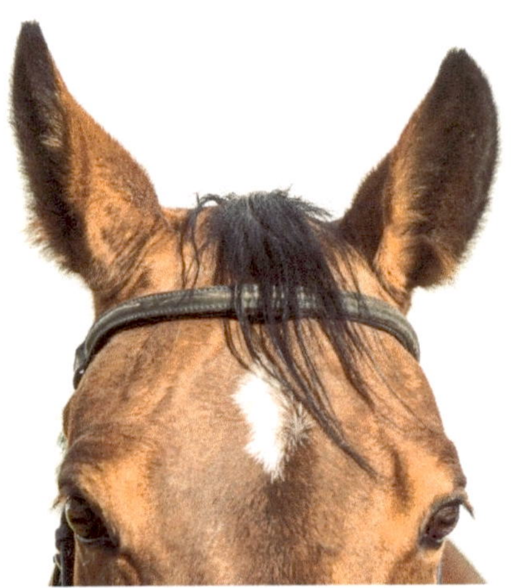

Abb. 2-4E Stirnschopf und Stirnhaarwirbel eines **Warmblutpferdes**.

Besitzer: Benjamin Fürst, Zürich
Aufnahme: Rainer Egle, Zürich

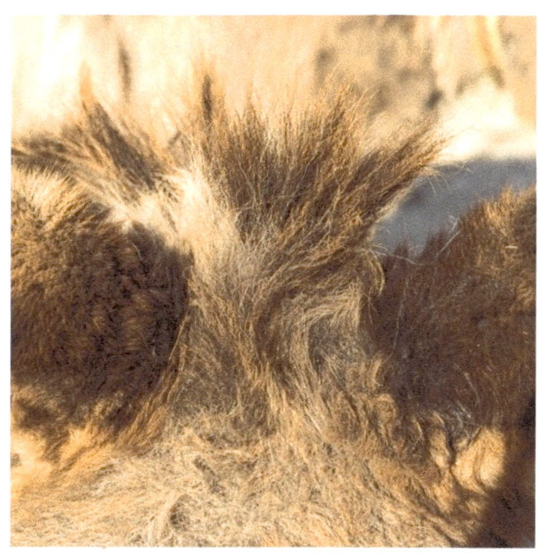

Abb. 2-4F Kurzer, zwischen den Ohren aufrecht stehender Stirnschopf eines **Europäischen Esels**. Ansicht von kranial.

Besitzer: Victor Huber, Zürich
Aufnahme: Rainer Egle, Zürich

Bei **Hauseseln** findet sich gelegentlich auf der Stirn eine intensive Behaarung, die bis auf den Nasenrücken reichen kann (Abb. 2-4G; 2-5), unabhängig vom Stirnschopf. Diese Haarbildung wird hier als **Stirnpony** bezeichnet.

Abb. 2-4G Europäischer Esel mit Stirnschopf, Stirnpony und für Esel typischem Nasenrückenwirbel, der zum Teil vom Halfter verdeckt ist.

Besitzer: Walter Dullnig, Innerkrems
Aufnahme: Sabine Kallweit, Landshut

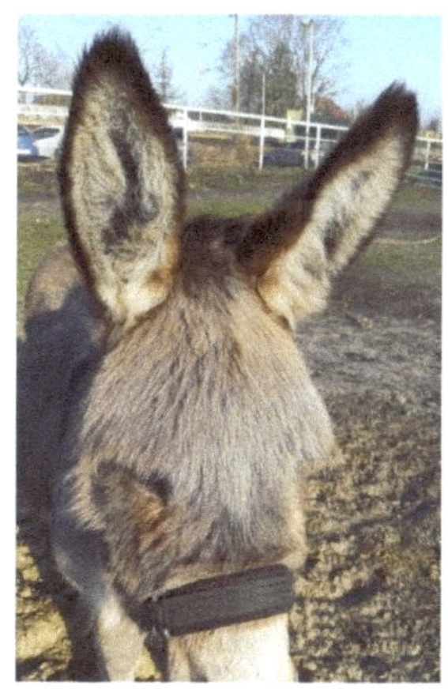

Abb. 2-5 Europäischer Esel mit kurzem, zwischen den Ohren ausgebildetem Stirnschopf und großem Stirnpony. Auffallend ist auch die starke Ohrmuschelrandbehaarung.

Besitzerin: Dr. Antje Midasch-Kaske, Otze
Aufnahme: Prof. Dr. Horst Wissdorf, Ehlershausen

2.7 Ohrmuschelgröße und -randbehaarung (Ohrmuschelgefäße siehe Kap. 3.6.1.1)

Esel sind durch ihre im Vergleich zum **Pferd** sehr großen Ohrmuscheln gekennzeichnet (Abb. 2-1; 2-2C; 2-4A_1; 2-4B; 2-5; 2-5A bis 2-5D; 2-7). Ebenso besitzen **Mulis** auffallend große Ohren, besonders wenn das Vatertier zu den Großeselhengsten gehört, wie es in Brasilien die Norm ist (Abb. 2-5E).

Die großen Ohrmuscheln vom **Esel** zeigen ebenso wie die der **Pferde** (Abb. 2-5F bis 2-5I) entlang ihrer beiden Ränder, besonders an der Basis des inneren Ohrrandes, eine deutliche Behaarung, Tragi (Abb. 2-5A bis Abb. 2-5C). Diese ist oft sehr dicht (Abb. 2-4A_2) und kann auch im oberen Ohrbereich gelockt sein (Abb. 2-5B). Viele **Brasilianische Esel** zeigen ebenfalls diese Ohrbehaarung (Abb. 2-5C). **Esel** aus dem Nordosten Brasiliens haben ein kurzes Fell, „Mauspelz" genannt, und besitzen nur wenige längere Haare an der Basis des medialen Randes der Ohrmuschel (Abb. 2-2B). Bei **Mulis** ist die Behaarung der Ohrmuscheln oft spärlich ausgebildet (Abb. 2-1C).

Abb. 2-5A Ohren eines **Europäischen Esels**, starke Behaarung der Ohrmuschelränder.

Besitzerin und Aufnahme: Ulli Sparber, Eselhof Berndlgut, Oberösterreich

Abb. 2-5B Ohren eines **Europäischen Esels,** lockige Behaarung an beiden Ohrmuschelrändern und auf der Innenfläche der Ohrmuschel. Der Eingang ins Ohr ist bis auf einen kleinen Spalt von Haaren, besonders des inneren Ohrmuschelrandes, bedeckt.

Besitzerin und Aufnahme: Ulli Sparber, Eselhof Berndlgut, Oberösterreich

Abb. 2-5C linkes Ohr eines **Brasilianischen Esels,** kräftige, lange Behaarung der Ohrmuschelränder, besonders an der Basis des inneren Ohrmuschelrandes. Der Eingang ins Ohr ist teilweise von Haaren bedeckt.

Besitzer: Faculdade de Medicina Veterinária e Zootecnia, Botucatu Aufnahme: Dr. C. A. Hussni, Butocatu, Brasilien

Abb. 2-5D Kopf eines **Brasilianischen Esels** mit sehr großen, landestypisch ausrasierten Ohren, Spitzen behaart gelassen. Außerdem ist ein Nasenrückenwirbel ausgebildet.

Aufnahme: Aus dem Video (You Tube): Mulas mulas mais top 2019, Frequenz: 0:00/1:13

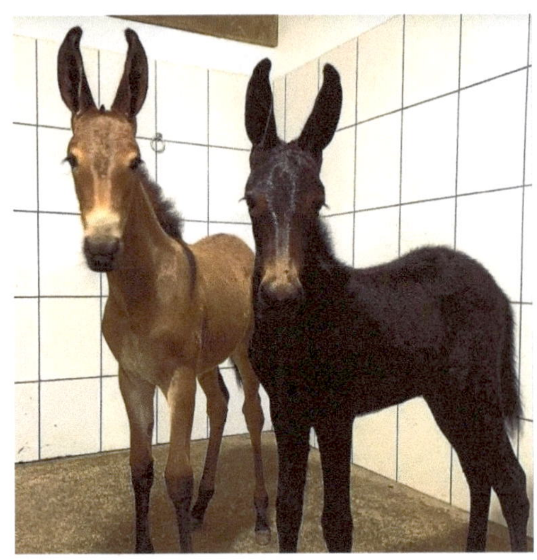

Abb. 2-5E Zwei **brasilianische Eselfohlen** mit großen Ohren, deren Spitzen nach innen gerichtet sind, landestypisch ausrasiert. Das linke Tier besitzt außerdem einen Nasenrückenwirbel.

Aufnahme: Aus dem Video (You Tube): MULAS E BURROS (Mula de marcha Picada marcha batida – Burro de marcha batida e picada), Frequenz: 3:20/4:15

Abb. 2-5F Linkes Ohr eines **Warmblutfohlens** mit starker Behaarung in der unteren Hälfte des äußeren Ohrmuschelrandes. Die Haare verlaufen über den Eingang ins Ohr auf die andere Seite.

Besitzerin: Barbara Gebert, 8627 Grüningen
Aufnahme: Prof. Dr. Anton Fürst, Direktor der Klinik für Pferdemedizin der Universität Zürich

Abb. 2-5G Linkes Ohr eines 12 Jahre alten **Deutschen Sportpferdes**. Die starke Behaarung liegt an der Basis und der Innenfläche des äußeren Ohrmuschelrandes.

Besitzerin und Fotografin: Isabelle Bayer, Hannover

Abb. 2-5H Linkes Ohr einer 6 jährigen **Rheinisch-Deutschen Kaltblutstute.** Die Behaarung ist an der Basis der Ohrmuschelränder etwas intensiver als an den Rändern und am Außenrand umfangreicher als am Innenrand. Die Haare reichen weit ins Lumen vor.

Besitzerin: Merle Meineke, Bilm
Aufnahme: Dominik Böhm, Hannover

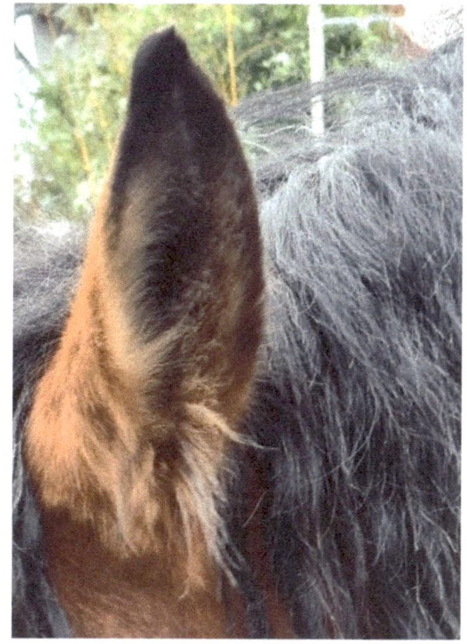

Abb. 2-5I Linkes Ohr eines **Rheinisch-deutschen Kaltblutpferdes** mit starker Behaarung beider Ohrränder an der Ohrmuschelbasis.

Besitzer: Dr. Konrad Beischl, Priel
Aufnahme: Sabine Kallweit, Landshut

Beim **Pferd** hängt die Haarausbildung der Ohrmuscheln von der Rasse ab (Abb. 2-5F bis Abb. 2-5I). Auffällig ist die dichte Behaarung an der Ohrbasis, wobei der Eingang ins Ohr oft mehr oder weniger überdeckt wird.

Die Haare an den Ohrmuscheln haben eine Schutzfunktion gegen Eindringen von Fremdkörpern wie Flugsamen oder Insekten. Bei Eseln, aber auch bei anderen Equiden, verhindern die Haare an den Ohrrändern beim Wälzen das Eindringen von Sand in den Ohrkanal, was im Urspungsland der Esel von großer Bedeutung ist. Das Ausrasieren der Haare, wie es in Brasilien (Abb. 2-1; 2-5D; 2-5E) und in den USA bei Pferden, Eseln und Mulis, aber auch in Deutschland bei Westernpferden erfolgt, verstößt in Deutschland gegen das Tierschutzgesetz.

Beim **Esel** ist die Zahl der Schweißdrüsen an der Ohrbasis im Vergleich zur Umgebung geringgradig erhöht, während sie beim **Pferd** hier deutlich höher ist.

2.8 Aalstrich und Schulterkreuz

Im Rückenbereich weisen viele **Esel** einen Aalstrich auf, der bis zum Schwanzursprung verläuft. Bei **Eseln** und bei **Maultieren** kann sich dieser Aalstrich auch in die Schwanz- bzw. Schweifhaare fortsetzen.

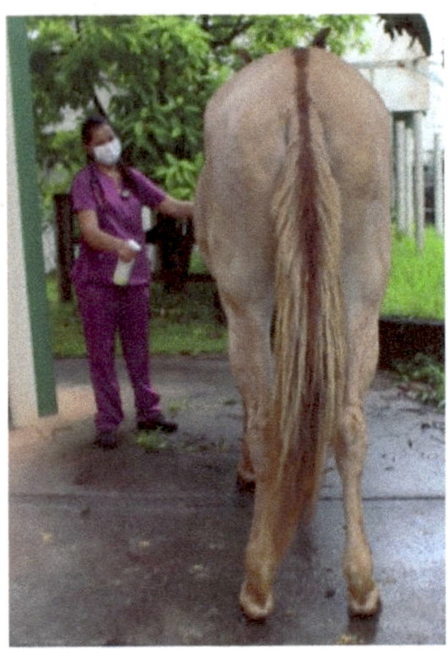

Abb. 2-5K Bis an das Schweifende reichender Aalstrich bei einer 16 Jahre alten **Mulistute** in Brasilien.

Aufnahme: Prof. Anderson Fernando de Souza, Veterinary Teaching Hospital, School of Veterinary Medicine and Animal Science, University of São Paulo, São Paulo, SP, Brazil.

Im Schulterbereich von **Eseln** und **Mulis** kann der Aalstrich durch einen querverlaufenden Haarstrich gekreuzt werden, der auch Widerriststreifen genannt wird. Beide bilden zusammen das Schulterkreuz. Selten ist es an seinen seitlichen Enden gegabelt (Abb. 2-6).

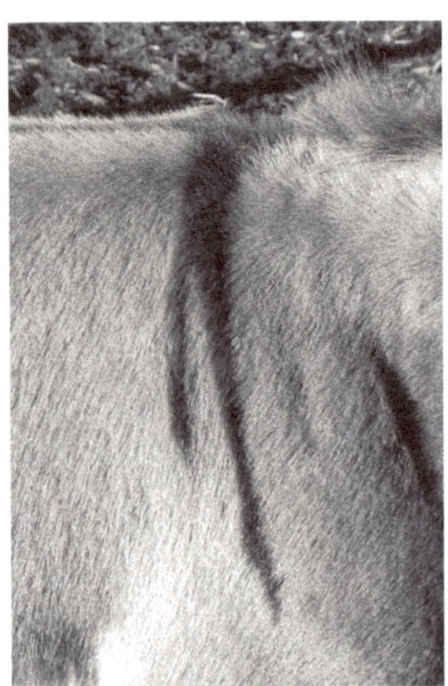

Abb. 2-6 Gegabeltes Ende eines Schulterkreuzes bei einem **Esel**.

Mit freundlicher Genehmigung übernommen aus: M. Hafner: Esel halten, Ulmer 2002

Der querverlaufende braune Haarstrich im Schulterbereich tritt auch bei **Mulis** auf und kann bis in Höhe des Schultergelenks reichen. Das untere Ende ist dann oft nicht mehr massiv braun (Abb. 2-6A; 2-7A).

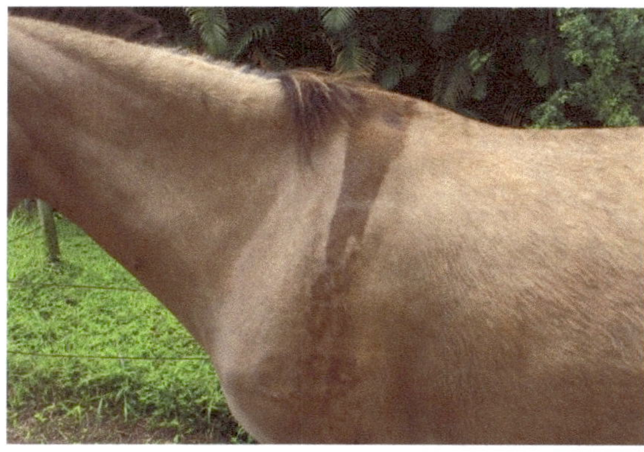

Abb. 2-6A Kräftiger, breiter, bis in den Schultergelenkbereich quer verlaufender hellbrauner Haarstrich vom Schulterkreuz einer 16 Jahre alten **Mulistute** aus Brasilien, linke Seite, Widerristhöhe 160 cm.

Aufnahme: Prof. Anderson Fernando de Souza, Veterinary Teaching Hospital, School of Veterinary Medicine and Animal Science, University of São Paulo, São Paulo, SP, Brazil.

2.9 Beinstreifung

Die bei Somali-Wildeseln typische Beinstreifung findet sich auch noch bei Hauseseln sowohl an den Schultergliedmaßen als auch an den Beckengliedmaßen (Abb. 2-7).

Abb. 2-7 Beinstreifung und Schulterkreuz bei einem **Asino dell'Amiata**.

Mit freundlicher Genehmigung von R. Mooser, Schweiz, übernommen aus: M. Hafner: Esel halten, Ulmer 2002

Auch bei **Mulis** können an den Vorder- und den Hintergliedmaßen Beinstreifungen auftreten (Abb. 2-7A).

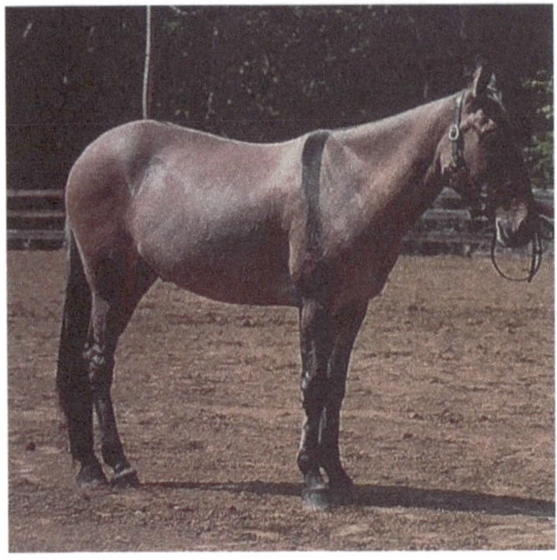

Abb. 2-7A Amerikanischer Muli mit Beinstreifung und kräftigem bis kurz vor das Ellbogengelenk quer verlaufenden schwarzen Haarstrich vom Schulterkreuz.

Aufnahme aus: Smith, D. C. (2009): The Book of Mules, Chapter Nine: Mules in Competition, 83, 1st ed.: Lyons Press, Guilford, Connecticut, mit freundlicher Genehmigung übernommen.

2.10 Haarscheitel

Der für **Pferde** typische Haarwirbel im Flankenbereich, Kniefaltenwirbel, fehlt bei **Eseln** meistens, ist aber bei **Mulis** ausgebildet.

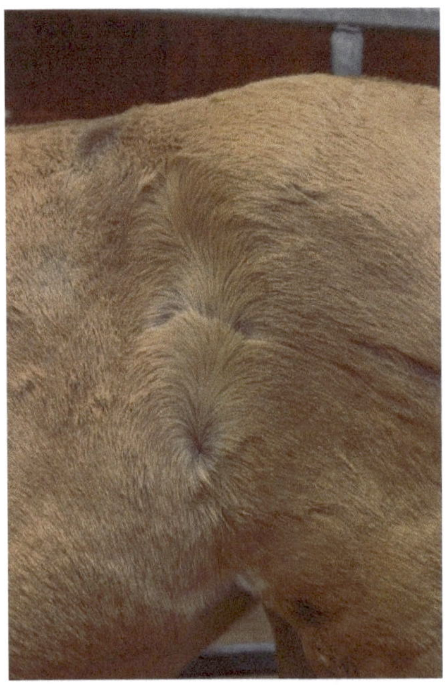

Abb. 2-7B Mehrfacher Haarwirbel, Haarscheitel, in der linken Flanke einer **Maultierstute**, gezogen aus einer Haflingerstute und einem Hausesel.
Besitzerin: Julia Krüger, Wanderreitbetrieb
Am Silbergraben 1, 34537 Bad Wildungen-Wega
Aufnahme: Julia Krüger, Mulia-Fotografie.de

2.11 Schwanzquaste

Die behaarte Haut setzt sich auf den Schwanz fort und weist bei den meisten Eseln nur an seinem letzten Abschnitt deutliche Langhaare auf, die als Schwanzquaste bezeichnet werden (Abb. 2-8A). Dadurch ist der Bereich des Anfangs des Schwanzes, der für die Epiduralanästhesie genutzt wird und dessen erste drei Wirbel noch in dem Rumpf integriert sind, leicht zu palpieren (siehe Kapitel 5.2).

Bei **Maultieren** ist der Schweif wie bei **Pferden** ausgebildet, was bei der Epiduralanästhesie zu berücksichtigen ist (Abb. 2-8B und Kap. 5.2). Bei Wildeseln können die Langhaare schon ab der Schwanzmitte ausgebildet sein (Abb. 2-8A).

Die Schwanzbehaarung stellt kein unveränderliches Erkennungsmerkmal dar, da die Langhaare gekürzt werden können und ist deshalb nicht ins Protokoll aufzunehmen.

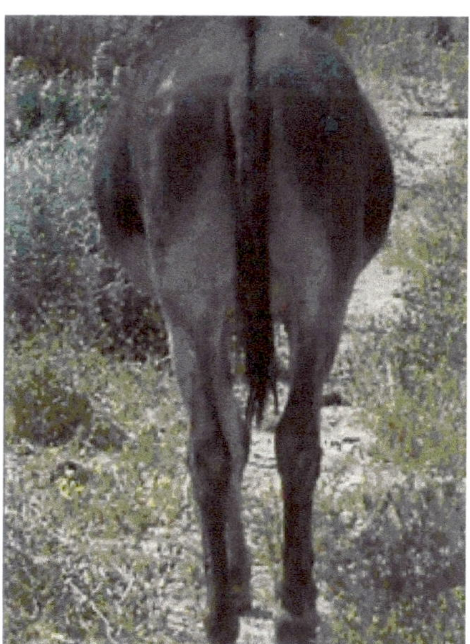

Abb. 2-8A Schwanzquaste eines **Wildesels**.

Mit freundlicher Genehmigung übernommen aus: T. Friedrich: Esel- und Mulihufe, BOD, 2005

Abb. 2-8B Schweif eines **Mulis**.

Aufnahme: Miriam Meier-Schellersheim, N. Y., USA

Kapitel 3
Kopf, *Caput*

Die Kopfknochen vom **Esel** sind deutlich kräftiger als die eines gleich großen **Ponys**. Kräftige Kiefergelenke können ligninreiche Pflanzen und Sträucher leicht zerkleinern.

3.1 Angesichtshautmuskel, *M. cutaneus faciei*

Der beim **Esel**, gegenüber dem **Pferd**, deutlich kräftigere Muskel bedeckt in der Hauptsache die Parotisgegend.

3.2 Nasengänge, *Meatus nasi*

Beim **Esel** ist der untere, ventrale Nasengang enger als beim gleichgroßen und gleichalten **Pferd** oder **Pony** (Abb. 3-1/a). Auf Grund der, wie beim Pferd, am Boden des ventralen Nasengangs und an der Nasenscheidewand, dem Septum nasi, ausgebildeten Venenpolstern zur Luftanwärmung, besteht ein erhebliches Blutungsrisiko beim Einführen der Nasenschlundsonde. Deshalb sollen Fohlensonden oder Ponysonden benutzt werden.

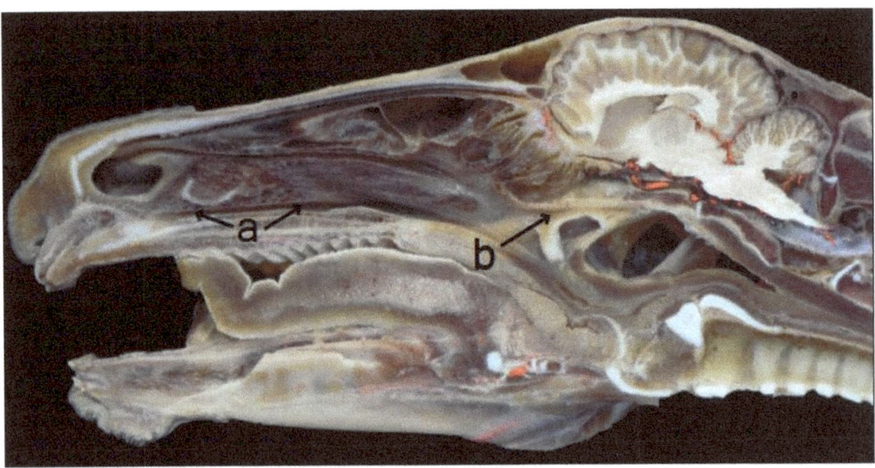

Abb. 3-1 Leicht paramedianer Längsschnitt durch den Kopf-Halsbereich eines circa 10 Monate alten **Afrikanischen Esels**. a ventraler Nasengang, angeschnitten; b Recessus pharyngeus, angeschnitten.

Präparation und Aufnahme: Prof. Hassen Jerbi, Tunesien

Im mittleren Nasengang, der schwierig zu untersuchen ist, liegt jederseits die gemeinsame, spaltförmige Öffnung der beiden Kieferhöhlen derselben Seite, Apertura nasomaxillaris, in Höhe der Mitte des 1. bleibenden Backenzahns (Molaren) bis hin zum vorderen, rostralen, Bereich des 3. Molaren. Sie ist bei ägyptischen Eseln 3,5–4 cm lang und nur 0,1–0,2 cm breit.

3.3 Nasennebenhöhlen, *Sinus paranasales*

Computertomographische Untersuchungen der Nasennebenhöhlen beim **Esel** haben eine deutliche Übereinstimmung mit den Befunden am Pferd ergeben. Aber die Trennwand zwischen den beiden Anteilen der Kieferhöhle einer Seite, das Septum sinuum maxillarium, die sich aus zwei getrennten Knochenanteilen entwickelt, ist nach Literaturangaben beim **Esel** nur mit seinem unteren Anteil ausgebildet, wie es vom **Pferd** als Ausnahme beschrieben wird. Dieser kräftige untere Anteil stammt auch beim **Esel** aus der Oberkieferwand, während der obere Teil, der beim **Pferd** ausgebildet ist, eine hauchdünne Knochenplatte darstellt, die aus der Wand der hinteren Abteilung der unteren, ventralen Nasenmuschel hervorgeht. Diese Knochenplatte ist beim Pferd oft durchlöchert, aber auf beiden Seiten von Schleimhaut überzogen, so dass beim **Pferd**, im Gegensatz zum **Esel**, bei dem diese Knochenplatte ja fehlt, keine Kommunikation zwischen den beiden Kieferhöhlenanteilen besteht.

3.4 Nebenorgane Auge, *Organa oculi accessoria*

3.4.1 Tränenpunkte, *Puncta lacrimalia*

Beim **ägyptischen Esel** liegen die Tränenpunkte mehr zum Augapfel hin und sind enger als beim **Pferd**, bei dem sie etwa 2 mm lange, spaltförmige Öffnungen, 2–3 mm vom freien Lidrand entfernt, bilden.

3.4.2 Tränennasengang, Tränenkanal, *Ductus nasolacrimalis*

Beim **Esel** hat der häutige Tränennasengang in seinem Anfangsabschnitt einen dorsal konvexen Verlauf, während sein Endabschnitt leicht ventral konvex gerichtet ist und zur Mündungsöffnung hin wieder leicht ansteigt. Beim

Pferd verläuft der Tränennasengang in einem deutlich flacheren Bogen als beim **Esel** in Richtung auf den dorsalen Rand des For. infraorbitale zu und dann in einem ventral konvexen Bogen zur Mündung im häutigen ventralen Winkel des äußeren Nasenlochs.

Beim **Esel** ist die ampullenförmige Erweiterung des Anfangabschnitts des Tränennasenganges, die typisch für das **Pferd** ist, nicht nachweisbar. Der Mittelabschnitt des Tränennasengangs reicht beim **Esel** nur bis in Höhe des ersten bleibenden Backenzahns (Molaren), während er beim **Pferd** bis vor den vorderen Rand des 3. Prämolaren zu verfolgen ist. Deshalb beginnt der weite Endabschnitt des Tränennasengangs beim **Esel** schon in Höhe des 1. Molaren (Abb. 3-2/e; 3-3/b).

Beim **Maultier** besitzt der Tränennasengang, wie beim **Pferd,** in Höhe des zahnlosen Zwischenraums des Oberkiefers, Diastema, eine deutliche Zunahme des Durchmessers.

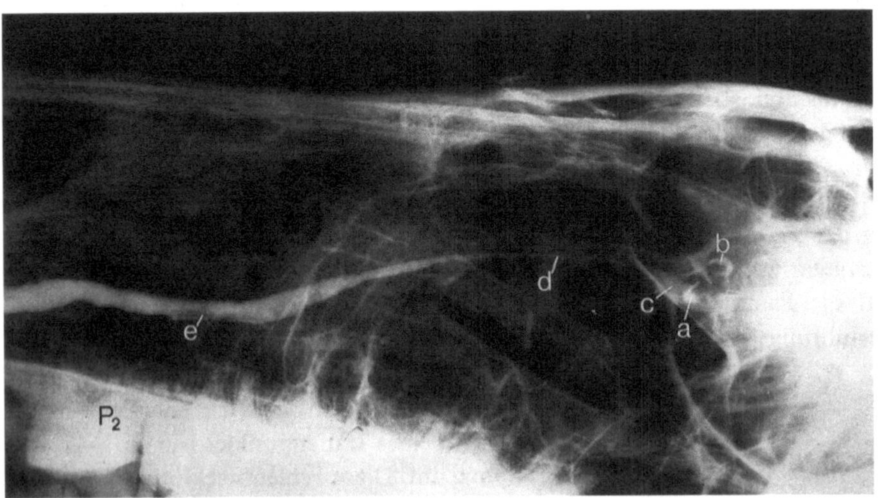

Abb. 3-2 Darstellung des Tränennasengangs beim toten **Europäischen Esel** durch Füllung mit Bariumsulfat von der Mündung aus, linke Seite.

a unteres, b oberes Tränenröhrchen; c wenig gefüllter Saccus lacrimalis; d im Oberkieferbein gelegener enger, e unter der Nasenschleimhaut verlaufender weiter Endabschnitt des Tränennasengangs
P_2 2. Prämolar

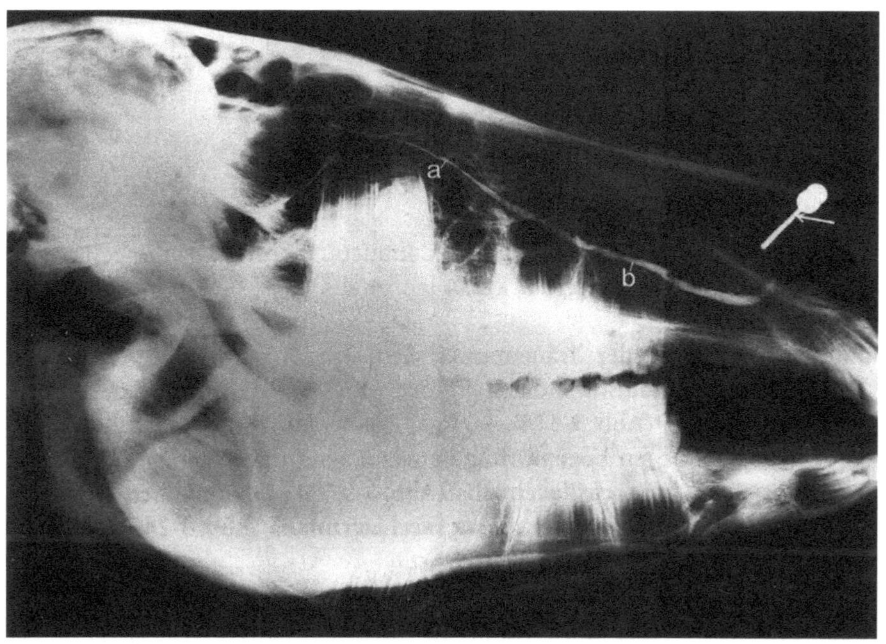

Abb. 3-3 Darstellung des Tränennasengangs beim toten **Europäischen Esel** durch Füllung mit Bariumsulfat von der Mündung aus, rechte Seite.

a im Oberkieferbein gelegener enger, b unter der Nasenschleimhaut verlaufender weiter Endabschnitt des Tränennasengangs; ← Kanüle in der Mündungsöffnung des Tränennasengangs im Bereich des lateralen Nasenflügels

3.4.3 Mündung des Tränennasengangs

Bei Equiden ist die Mündungsöffnung des Tränennasengangs an verschiedenen Stellen im häutigen Bereich des Nachsenloches lokalisiert.

Während der Tränennasengang beim **Pferd** unten, ventral, im Nasenvorhof mit einer rundlichen oder ovalen Öffnung mündet (Abb. 3-4) befindet sich die etwa linsengroße Mündungsöffnung beim Europäischen und **Afrikanischen Esel** mit einem Durchmesser von 1–4 mm, **innen an der Wand** des äußeren, lateralen Nasenflügels, auf halber Höhe des Nasenlochs oder im oberen Drittel (Abb. 3-5; 3-6). Diese Lage verhindert ein Verlegen der Mündungsöffnung durch Sand, obwohl auch beim **Esel** Verstopfungen des Tränennasenganges vorkommen (Abb. 3-7A).

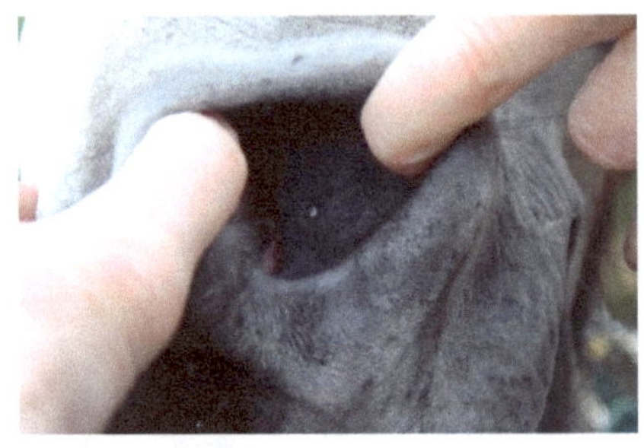

Abb. 3-4 Mündung des Tränennasengangs am Boden des Nasenvorhofs beim **Pferd**, linkes Nasenloch.

Aufnahme: Dominik Böhm, Hannover

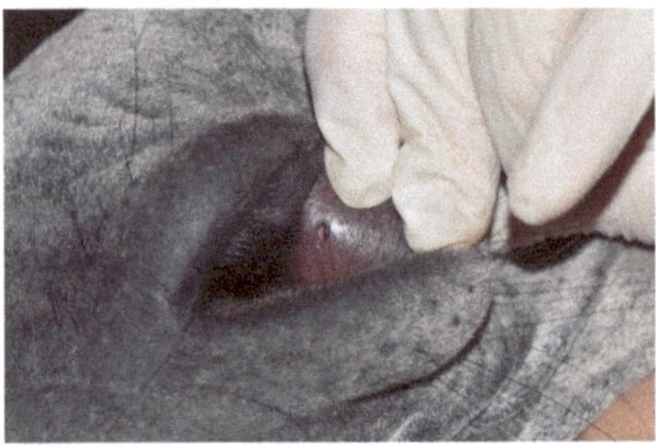

Abb. 3-5 Mündung des Tränennasengangs auf der Innenseite im oberen Drittel des lateralen Nasenflügels bei einem **Provence Esel**, linkes Nasenloch.

Aufnahme: René Reifenrath, Jugenheim

Beim **Esel** liegt die Mündungsöffnung des Tränennasengangs selten weiter dorsal auf der Innenseite am Übergang des lateralen in den medialen Nasenflügel (Abb. 3-6).

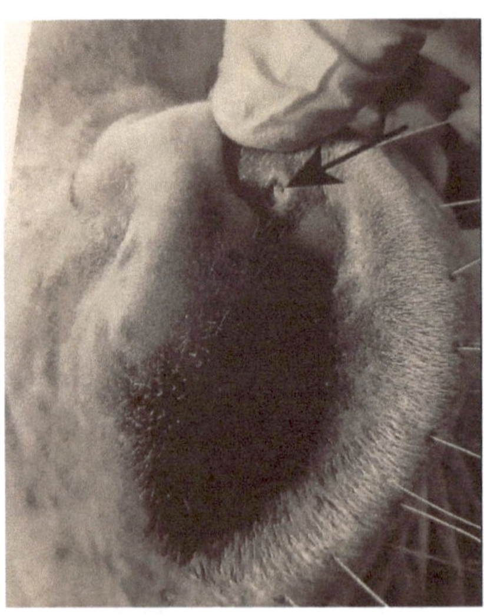

Abb. 3-6 Linkes Nasenloch mit extrem weit dorsal liegender Öffnung des Tränennasengangs auf der Innenseite des äußeren Nasenflügels bei einem **Esel**.

Aufnahme aus: Adams et al., Equine vet. Educ. 25, 2013, Seite 641, gespiegelt

Beim **Poitou-Esel** liegt die pigmentierte Mündung des Tränennasengangs auch auf der Innenseite am lateralen Nasenflügel, aber mehr im oberen Drittel (Abb. 3-7), ebenso beim **Maultier** (Abb. 3-8; 3-9).

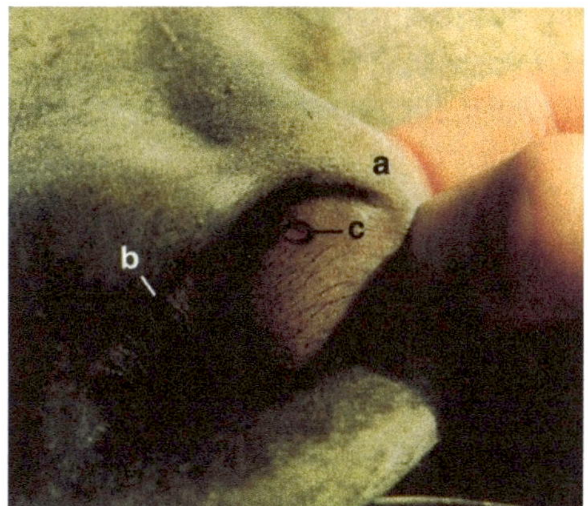

Abb. 3-7 Pigmentierte Mündung des Tränennasengangs auf der Innenseite des äußeren Nasenflügels bei einem **Poitou-Esel**, linkes Nasenloch.

a lateraler Nasenflügel, nach außen umgestülpt; b medialer Nasenflügel; c Mündungsöffnung des Tränennasengangs, am Rand pigmentiert

Abb. 3-7A Durch die Verlegung bzw. Einengung des Tränennasenganges auf der rechten Körperseite erfolgt der Abfluss der Tränen bei diesem **Esel** über die Haut seitlich an der Nase als Tränenspur. Auf der linken Seite ist eine nur kurze Tränenspur sichtbar.

Aufnahme aus: Weltspiegel (ARD) vom 19. August 2018: China und Afrika: Esel ab ins Schlachthaus.

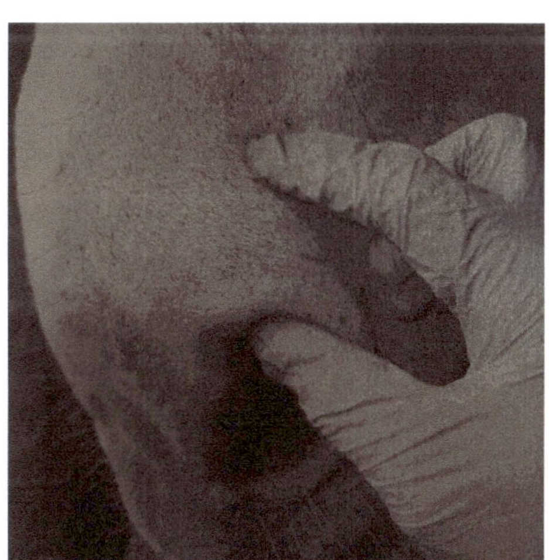

Abb. 3-8 Auffinden der Mündungsöffnung des Tränennasengangs beim **Maultier**, linkes Nasenloch. Die Öffnung liegt auf der Innenseite des lateralen Nasenflügels in Höhe der Lage des Zeigefingers.

Aufnahme aus: Adams et al., Equine vet. Educ. 25, 2013, Seite 637

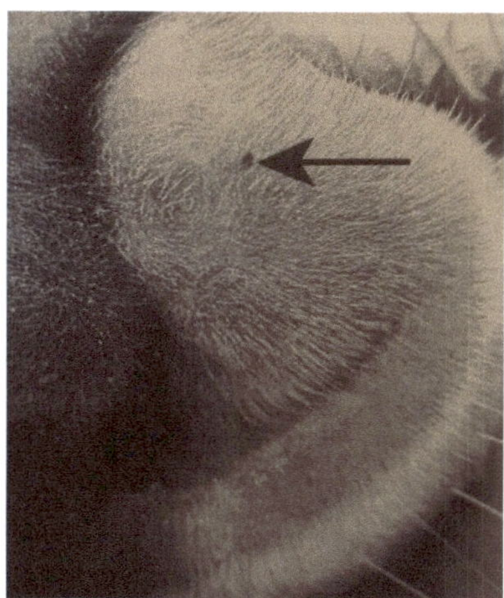

Abb. 3-9 Innenseite des aufgehobenen lateralen Nasenflügels der Abb. 3-8 mit der Mündungsöffnung des Tränennasengangs, linkes Nasenloch.

Aufnahme: Aus Adams et al., Equine vet. Educ. 25, 2013, Seite 637

Sowohl beim **Pferd** als auch beim **Maultier** kann eine doppelte Anlage der Mündungsöffnung vorhanden sein, wobei beim Pferd nachgewiesen wurde, dass die obere Öffnung nach kurzem Verlauf blind enden kann.

Hinweis für Zootierärzte
Bei **Grant-Zebras** ist die Mündungsöffnung nur Stecknadelkopf groß und liegt medial im oberen Drittel des lateralen Nasenflügels.

Bei **Damara-Zebras** ist die Mündungsöffnung ventral am Nasenboden ausgebildet, liegt aber deutlich weiter kaudal und lateral als beim **Pferd.**

3.5 Augapfel und Sehnerv, *Bulbus oculi et Nervus opticus*

Ultrasonographische Untersuchungen des Augapfels zeigen, dass sich beim **Esel** die klinisch relevanten Ergebnisse in Abhängigkeit vom Körpergewicht der Tiere unterscheiden. Nur der Linsendurchmesser und die Linsendicke sind identisch.

Beim **Esel** ist die reflektierende Schicht, das Tapetum lucidum, einheitlich hellblau und stark reflektierend und die Sehnervenaustrittstelle, der Discus n. optici, **oval** und blass pinkfarben (Abb. 3-10/1), während das Tapetum lucidum beim **Pferd** schillernd grün bis grünblau ist und der Discus n. optici beim Pferd **rundlicher** ist (Abb. 3-11/1).

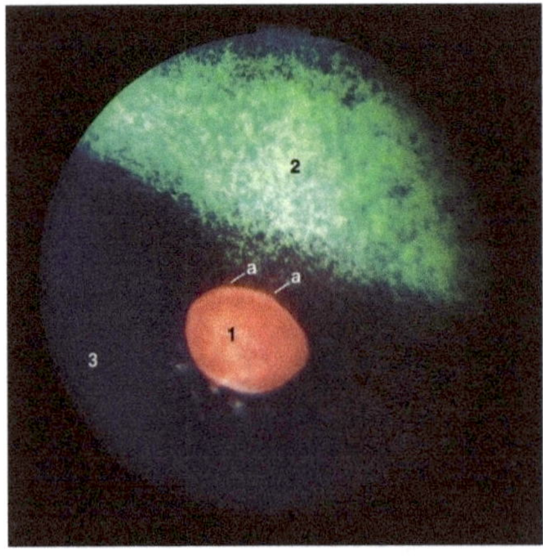

Abb. 3-10 Augenhintergrundaufnahme von einem **Esel**.

a Arteriolen des Circulus vasculosus n. optici, Zinn-Gefäßkranz;
1 Ovaler Discus n. optici; 2 Tapetum lucidum; 3 Tapetum nigrum

Aufnahme: Prof. Dr. Paul Simoens, Vakgroep Morfologie Universiteit Gent

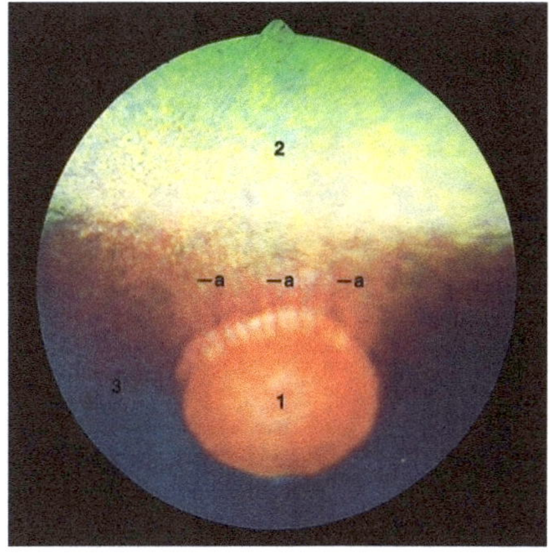

Abb. 3-11 Augenhintergrundaufnahme von einem **Pferd**.

a Arteriolen des Circulus vasculosus n. optici, Zinn-Gefäßkranz;
1 Rundlicher Discus n. optici; 2 Tapetum lucidum; 3 Tapetum nigrum

Aufnahme: Prof. Dr. Hartmut Gerhards, Veterinärmedizinische Fakultät, LMU, München

Beim **Esel** beträgt der Höhendurchmesser der Linse 17,5 mm, beim **Muli** 19 mm und 20 mm beim **Pferd.**

3.6 Klinisch bedeutsame Kopfgefäße

3.6.1 Arterien

3.6.1.1 Kaudale Ohrmuschelarterie, *A. auricularis caudalis*

In Abhängigkeit von der Lagerung des Tieres bei einer Operation sind die gut sichtbaren Arterien auf den langen Ohren vom **Esel** und denen vom **Muli** für die arterielle Blutdruckmessung oder Blutgasanalyse gut geeignet.

Die kaudale Ohrmuschelarterie entlässt an der Ohrbasis drei Äste. Der äußere Ast, R. auricularis lateralis (Abb. 3-12/2), wendet sich an der Außenfläche der Ohrmuschel entlang des Außenrandes spitzenwärts. Der mittlere Ast, R. auricularis intermedius (Abb. 3-12/1), verläuft auf dem Ohrmuschelrücken spitzenwärts. Der innere Ast, R. auricularis medialis, befindet sich am inneren Rand der Ohrmuschelaußenfläche. Die genannten Arterien können zur Katheterisierung benutzt werden, wobei der R. auricularis intermedius auf Grund seiner Lage auf dem Ohrrücken zu bevorzugen ist.

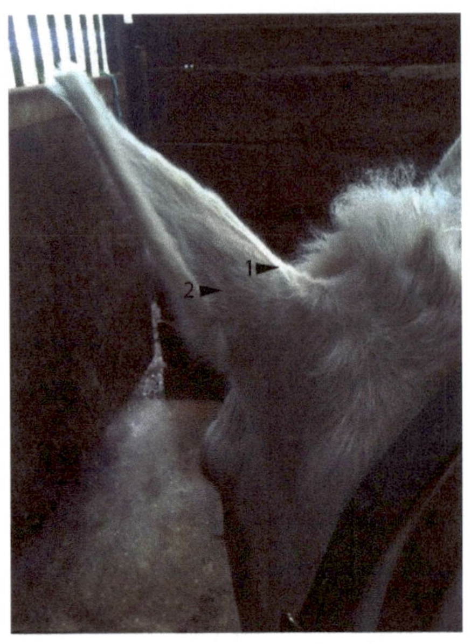

Abb. 3-12 Linkes Ohr eines weißen **Mulis** mit 1 deutlichem Ramus auricularis intermedius und 2 Ramus auricularis lateralis, beide zur Punktion zur arteriellen Blutdruckmessung und zur Blutgasanalyse geeignet.

Aufnahme: Miriam Meier-Schellersheim, N.Y.; USA

Abb. 3-12A Rechtes Ohr eines **Provence Esels** mit dem kräftigen Ramus auricularis intermedius und dem Ramus auricularis lateralis der Ohrmuschelarterie.

Aufnahme: Dominik Böhm, Hannover

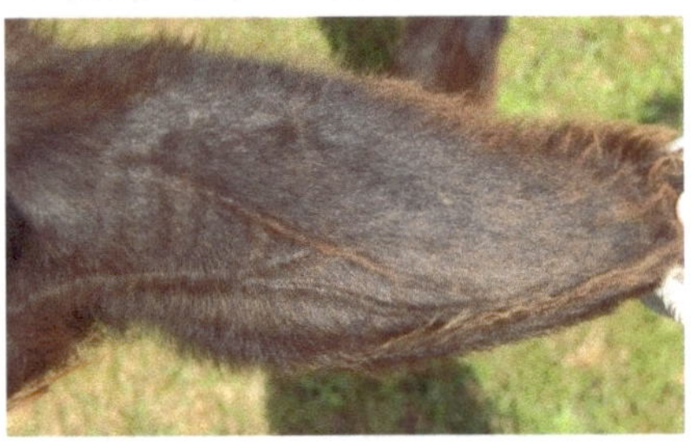

Abb. 3-12B Rechtes Ohr eines **Provence Esels** mit dem kräftigen Ramus auricularis intermedius und dem Ramus auricularis lateralis der kaudalen Ohrmuschelarterie in variablem Verlauf zu Abb. 3-12A.

Aufnahme: Dominik Böhm, Hannover

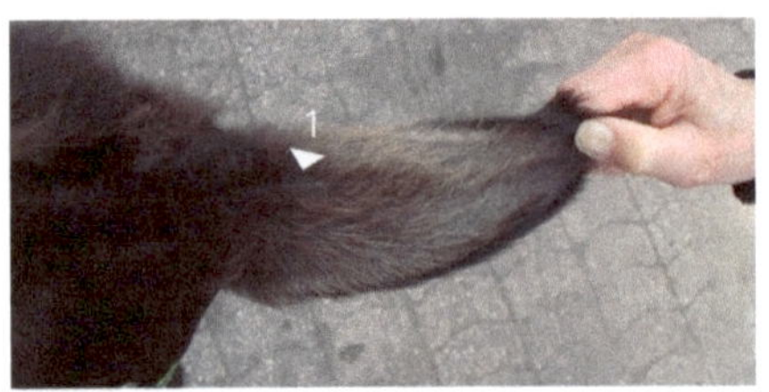

Abb. 3-12C rechtes Ohr eines **Zwergesels** mit deutlich sichtbarem Ramus auricularis intermedius (1) der kaudalen Ohrmuschelarterie.

Aufnahme: Dominik Böhm, Hannover

3.6.1.2 Pulskontrolle am Kopf

Neben der vom **Pferd** her bekannten Pulskontrolle an der Angesichtsarterie, A. facialis (Abb. 3-13/3), auf der Innenseite des Unterkiefers (Abb. 3-13/↑a) ist es möglich, beim **Esel** auch an der querverlaufenden Angesichtsarterie, A. transversa faciei (Abb. 3-13/1), an ihrem Verlauf über den Unterkieferknochen (Abb. 3-13/↑c) und am Kaumuskelast der äußeren Hauptschlagader, Ramus massetericus der A. carotis externa (Abb. 3-13/2), an deren Übertritt auf den Unterkieferknochen, den Puls zu kontrollieren (Abb. 3-13/↑b).

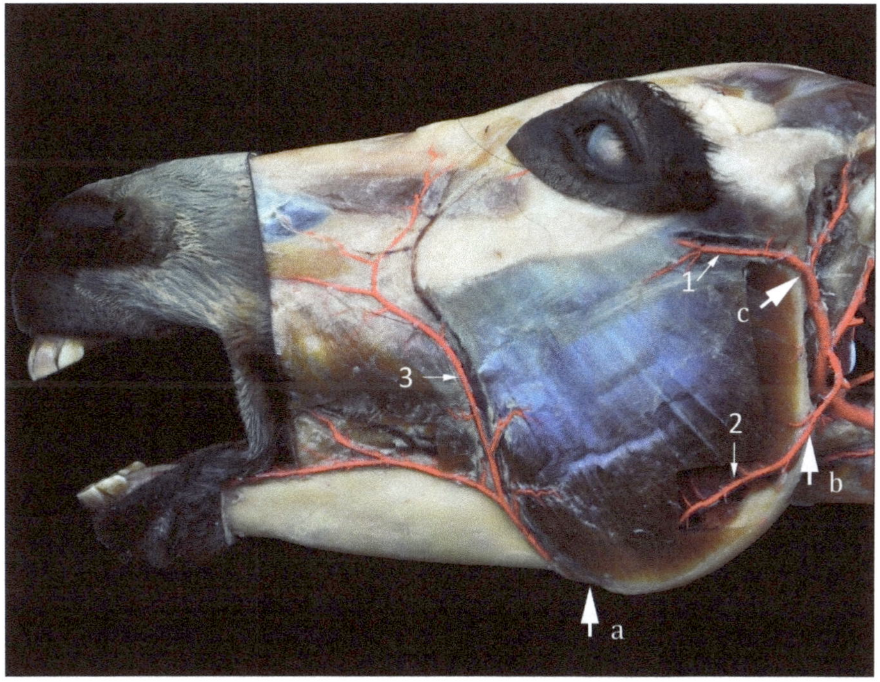

Abb. 3-13 Darstellung der A. transversa faciei, des Ramus massetericus der A. carotis externa sowie der A. facialis zur Pulskontrolle beim **Afrikanischen Esel**.

1 A. transversa faciei; 2 Ramus massetericus der A. carotis externa; 3 A. facialis. Drei Pfeile: a–c Pulskontrollstellen, die Gefäße liegen hier am Knochen

Präparation und Aufnahme: Prof. Hassen Jerbi, Tunesien

3.6.2 Venen

Die querverlaufende Angesichtsvene, V. transversa faciei, besitzt beim **Esel** keine Ausbuchtung, Sinus, wie sie beim **Pferd** ausgebildet ist, so dass eine Blutentnahme nur aus dem Sinus der tiefen Angesichtsvene, V. profunda faciei, mittels Vacuum-Kanüle möglich ist.

3.6.3 Weitere Befunde zu Gefäßen am Kopf

Weitere Befunde zum Unterschied im Gefäßsystem des Kopfes von **Esel** und **Pferd** sind von akademischem Interesse und hier nur in der weiterführenden Literatur berücksichtigt.

3.7 Luftsack, *Diverticulum tubae auditivae*

Der Zugang zum Luftsack, Ostium pharyngeum tubae auditivae, (Abb. 3-15/14) der beim **Esel** wie beim **Pferd** von einer medial gelegenen Knorpelklappe bedeckt wird (Abb. 3-23 und Abb. 3-24/E_1 und E_2), liegt zumindest beim spanischen **Esel** flacher als beim **Pferd**, was das Einführen eines Endoskops erschwert. Das Fassungsvermögen des Luftsacks entspricht dem gleichgroßer Pferde.

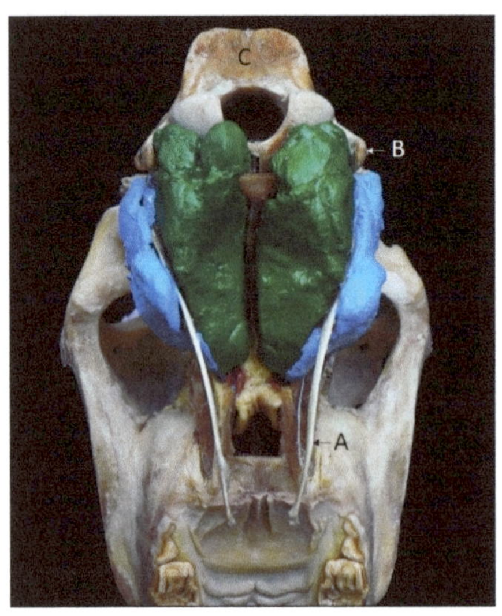

Abb. 3-14 Latex-Ausguss beider Luftsäcke eines **Afrikanischen Esels**, Ansicht von ventral.

Blau: Sinus lateralis, grün: Sinus medialis
A Stylohyoid; B Proc. paracondylaris; C Squama occipitalis

Präparation und Aufnahme: Prof. Hassen Jerbi, Tunesien

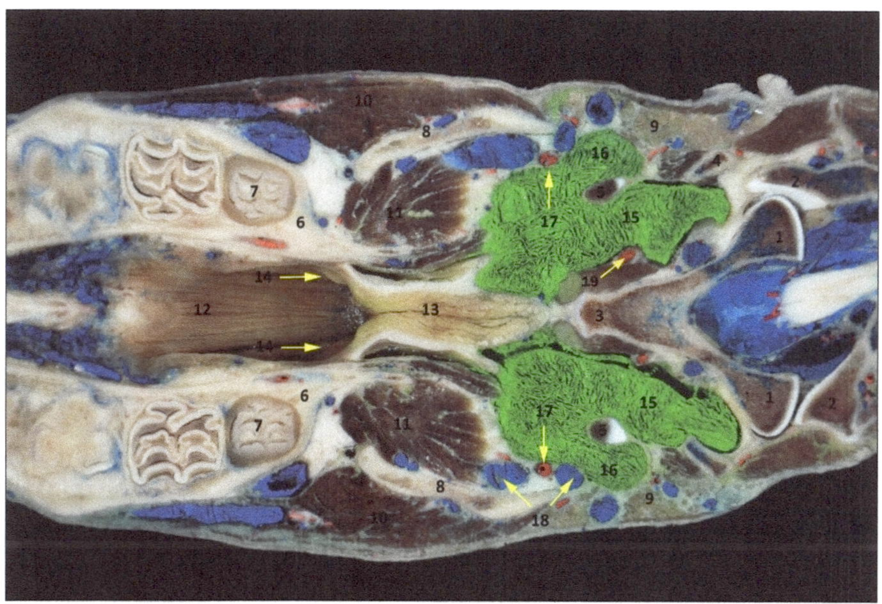

Abb. 3-15 Horizontalschnitt durch den Kopf eines **Afrikanischen Esels** in Höhe der Kondylen zur Darstellung der mit grünem Latex angefüllten Luftsäcke, oberer Teil um 180° gedreht.

1 Condylus occipitalis; 2 Atlasflügel; 3 Pars basilaris occipitalis; 4 Proc. paracondylaris; 5 Stylohyoid; 6 Os maxillare; 7 2. Molar des Oberkiefers; 8 Arcus zygomaticus; 9 Parotis; 10 M. masseter; 11 M. pterygoideus medialis; 12 Pars nasalis pharyngis; 13 langer Recessus pharyngeus; 14 Ostium pharyngeum tubae auditivae; 15 größere mediale, 16 kleinere laterale Luftsackbucht (Sinus); 17 A. maxillaris; 18 V. maxillaris; 19 A. carotis interna

Präparation und Aufnahme: Prof. Hassen Jerbi, Tunesien

3.8 Ohrspeicheldrüse, *Parotis,* und Ohrspeicheldrüsenlymphknoten, *Nll. parotidei*

Die Ohrspeicheldrüse vom **Esel** (Abb. 3-15/9) ist weiter hinten, kaudal, gelegen als die vom **Pferd.** Sie befindet sich in der Grube hinter dem Unterkiefer, Fossa retromandibularis, und dehnt sich bis hin zum 2. Halswirbel aus. Am Präparat ist zu erkennen, dass sie sowohl den Kehlkopf als auch die ersten Luftröhrenknorpel „bedeckt“. Nach vorne, rostral, erreicht sie den Ast des Unterkiefers, R. mandibulae, und den Kaumuskel, M. masseter, **nicht**.

Die Parotislymphknoten sind beim **Esel** dorsal und ventral des Kiefergelenks angeordnet, während sie beim **Pferd** nur ventral des Gelenkes liegen.

3.9 Unterkiefer und Unterkieferlymphknoten, *Mandibula et Nll. mandibulares*

Der **Unterkiefer** besteht aus dickem dichten Knochengewebe und der vom Unterkiefer begrenzte Kehlgang, Spatium mandibulae, ist beim **Esel** enger als beim **Pferd.**

Die Zahl der Einzelknoten des **Unterkieferlymphknotens** ist beim **Esel** geringer als beim **Pferd**, bei dem jederseits 37–75 Einzelknoten den tastbaren Lymphknoten bilden.

3.10 Retropharyngeale Lymphknoten, Nll. retropharyngeales

Beim **Esel** verlaufen einzelne efferente Lympbahnen der retropharyngealen Lympfknoten direkt zum Trucus trachealis unter Umgehung der tiefen kranialen Halslymphknoten.
Beim **Pferd** verlaufen alle efferenten Lymphbahnen der retropharyngealen Lymphknoten zu den tiefen kranialen Halslymphknoten, d. h. die gesamte Lymphe des Kopfes wird durch die tiefen kranialen Halslymphknoten gefiltert und zum Truncus trachealis geleitet.

3.11 Zähne, *Dentes*

Die Zähne der **Esel** haben den gleichen Aufbau aus Schmelz, Dentin und Zement wie die Zähne vom **Pferd.** Diese drei Substanzen besitzen einen unterschiedlichen Härtegrad, deshalb kommt es nach glattraspeln der Kauflächen der Backenzähne zu einer zeitlich versetzten Abnutzung der drei Substanzen und so zur erneuten Ausbildung der rauen Oberfläche.

Für die Benennung der Zähne werden zwei Systeme benutzt. Das klassische System benennt die Zähne mit den Abkürzungen des Anfangsbuchstabens des Zahntyps und der zugehörigen Ziffer in der Reihenfolge. Das moderne System benutzt eine Kennzeichnung mit Ziffern nach Triadan (1971) unter Berücksichtigung der vier Kieferhälften: Zähne der rechten (101 bis 111) und Zähne der linken (201 bis 211) Oberkieferhälfte sowie Zähne der linken (301 bis 311) und Zähne der rechten (401 bis 411) Unterkieferhälfte (Tab. 3-1).

Tab. 3-1 Vergleichende Darstellung der klassischen Benennung der Zähne mit der Zahnnummerierung modifiziert nach Triadan (1971) und Floyd (1991).

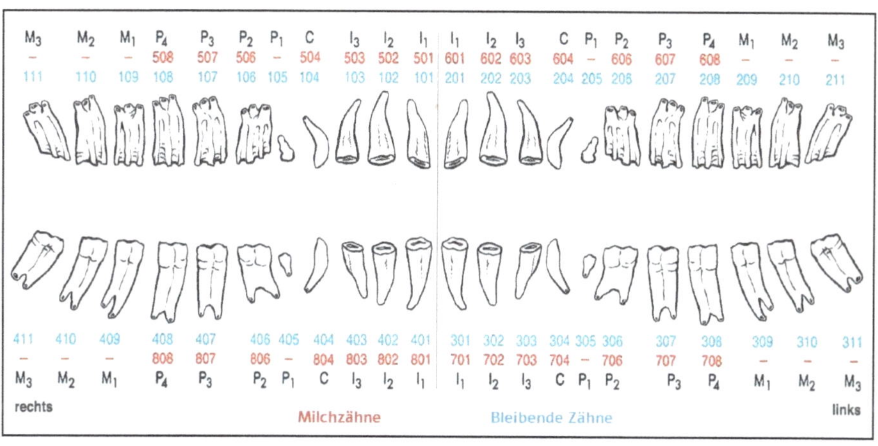

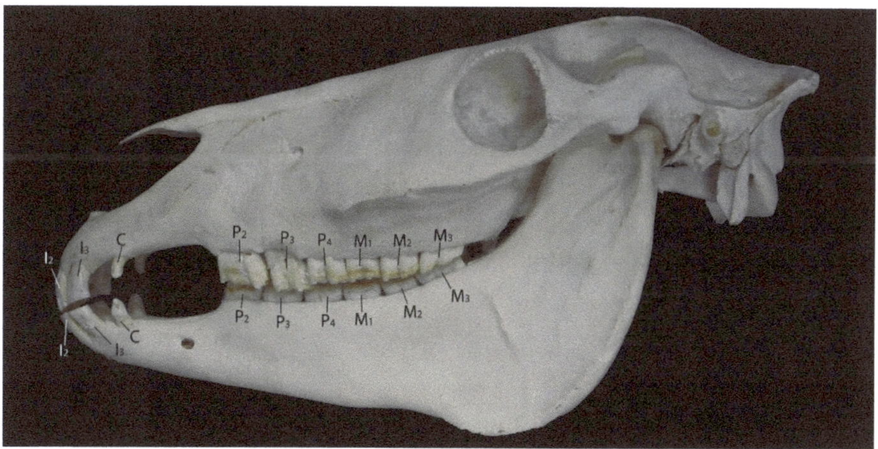

Abb. 3-15A Schädel eines 12 Jahre alten **Afrikanischen Esels**, linke Seitenansicht, Darstellung der bleibenden Zähne in Ober- und Unterkiefer, I_1 nicht dargestellt, aber vorhanden. Klassische Nomenklatur.

I_2 bis I_3 Schneidezähne, Incisivi; C Hakenzähne oder Eckzähne, Canini; P_1 hier nicht ausgebildet, P_2 bis P_4 gewechselte vordere Backenzähne, Prämolaren; M_1 bis M_3 hintere Backenzähne, Mahlzähne, Molaren

Präparation und Aufnahme: Prof. Hassen Jerbi, Tunesien
Bildbearbeitung: Dominik Böhm, Hannover

Junge **Esel** besitzen ein stark ausgeprägtes Zangengebiss. Erst mit fünfzehn Jahren ist der Beginn einer Winkelung festzustellen, wodurch sich der Kontaktwinkel deutlich verringert. Beim **Pferd** tritt bereits mit acht Jahren ein Halbzangengebiss auf.

Eine Formveränderung der Kaufläche von quer oval zu längsoval, ist beim **Esel** nicht so ausgeprägt wie beim **Pferd.** Die Kaufläche der Unterkieferschneidezähne bleibt bis ins hohe Alter rundlich bis dreieckig.

3.11.1 Altersermittlung anhand der Befunde an den Zähnen

Eine Möglichkeit, eine Aussage über das ungefähre Alter eines Pferdes/Esels oder Mulis zu machen, besteht in der Überprüfung der Zähne. Ein alter Spruch: Einem geschenkten Gaul schaut man nicht ins Maul (um sein Alter zu ermitteln), bezieht sich auf diese Methode.

Die Altersermittlung bei Eseln, Mulis und Pferden nach den Befunden an den Zähnen ist keine Zahnalters**bestimmung**, sondern eine Zahnalters**schätzung** und wird durch zahlreiche Faktoren beeinflusst wie Rasse, Futterqualität, Weidestruktur und Zahnfehlstellungen.
Bei **Importtieren** sind die Verhältnisse im Exportland zu berücksichtigen. Eine nahezu genaue Ermittlung des Alters eines Esels ist etwa bis zu einem Alter von ca. 8 Jahren möglich. Deshalb soll der Terminus **Zahnaltersbestimmung** nie benutzt werden, sondern der Untersucher muss von **Zahnaltersschätzung** sprechen.

Beachte: In einem Gutachten muss, zur eigenen Absicherung, der Zahnbefund wie folgt formuliert werden:
Der Esel, das Muli bzw. das Pferd zeigt nach den Befunden an den Zähnen ein Alter von xxx Jahren.

Bei der Zahnaltersermittlung von **Eseln** darf man nicht von den Befunden beim **Pferd** ausgehen, Esel werden dann zu jung oder zu alt geschätzt.

Zum Beispiel:

Ein **Esel** mit einem gerade gewechselten I_1 ist 2⅔ bis 3¾ Jahre alt, während ein **Pferd** schon mit 2,5 bis 3,5 Jahren dieses Zahnbild zeigt. Der Esel wird also zu jung eingeschätzt.

Wird das Erscheinen des **Zahnsternchens** an den Schneidezähnen des Unterkiefers zur Altersschätzung herangezogen (siehe weiter unten), wird der Esel bei Berücksichtigung der Befunde vom Pferd als zu alt eingeschätzt, denn das Zahnsternchen erscheint am I_1 beim **Esel** schon mit 3,5 bis 4 Jahren, beim **Pferd** aber erst mit 6 Jahren oder noch später.

Einbiss oder Einschliff

Ein weiteres Merkmal zur Altersschätzung ist der Einbiss, auch Einschliff, genannt, der sich durch die zeitlich versetzte Streckung der Unterkiefer-und der Oberkieferschneidezähne ergibt.

Die Streckung der Unterkieferschneidezähne erfolgt beim **Pferd** im Laufe des Lebens in drei Schüben, denen sich jeweils die Streckungen der Oberkieferschneidezähne anschließen, beim **Esel**, die meistens älter werden als Pferde, sind es vier Streckungen. Deshalb gibt es im Laufe des Lebens beim Pferd drei Einbisse, beim Esel werden vier Einbisse am 3. Oberkieferschneidezahn (Eckschneidezahn) jederseits beschrieben (Abb. 3-15B).

Die Einbisse entstehen dadurch, dass sich die Schneidezähne des Unterkiefers vor denen des Oberkiefers lippenwärts „strecken" und die Eckschneidezähne I_3 (103 bzw. 203 nach Triadan) des Oberkiefers in ihrem hinteren Drittel für eine gewisse Zeit keinen Gegenbiss haben. Die beiden korrespondierenden Eckschneidezähne des Unterkiefers I_3 (303 bzw. 403 nach Triadan) schleifen sich dann in die vorderen ⅔ jedes oberen I_3 ein und so entsteht am hinteren Ende dieses Zahns ein Haken, was als Einbiss oder Einschliff bezeichnet wird (Abb. 3-15B/2). Dieses Zahnbild kann auf Grund zahlreicher Faktoren, wie Herkunft, Haltung, Fütterung usw., aber nur bedingt zur Altersschätzung herangezogen werden.

Beim **Esel** kann, je nach Rasse, der 1. Einbiss schon mit 6 Jahren, in der Mehrzahl aber erst mit 7–8 Jahren auftreten, während er beim **Pferd** erst mit etwa 9 Jahren zu sehen ist. Da sich auch die Schneidezähne des Oberkiefers in den nächsten Jahren „strecken“, geht der Haken mit der Zeit wieder verloren. Beim **Pferd** ist das beim 1. Einbiss mit elf bis zwölf Jahren zu beobachten.

Beim **Esel** treten mit 12 Jahren, mit 21 Jahren und mit 31 Jahren erneut Zahnhaken auf. Über ihr verschwinden sind in der zugängigen Literatur keine Angaben zu finden.

Erscheinen und Verschwinden der Einbisse beim **Pferd**

	Erscheinen	**Verschwinden**
1. Einbiss	ca. 9 Jahre	11–12 Jahre
2. Einbiss	ca. 15 Jahre	17–18 Jahre
3. Einbiss	ca. 20 Jahre	22–23 Jahre

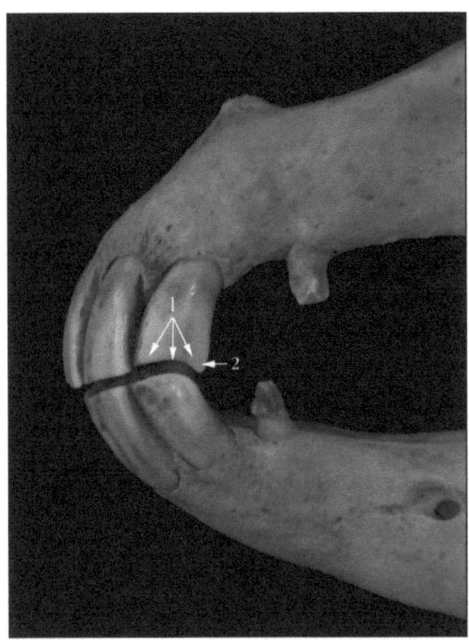

Abb. 3-15B Kieferknochen mit Schneidezähnen und Canini eines **Eselhengstes** mit Einbiss und Hakenbildung, linke Seite, Alter unbekannt.

1 Einbissbereich; 2 Hakenbildung am hinteren Rand des oberen Eckschneidezahns durch fehlenden Abrieb.

Präparation und Aufnahme: Prof. Hassen Jerbi, Tunesien

Diese Befunde bestätigen, dass sowohl Aussagen über den Einbiss als auch über die Galvayne-Rinne (siehe weiter unten) nur einen geringen Aussagewert in Hinblick auf die Altersschätzung haben. Bei alten **Eseln** nutzen sich die oberen Schneidezähne bis zum Zahnfleischniveau ab, während die unteren Schneidezähne länger werden. Beim **Esel** ist die relative Verkürzung der oberen Schneidezahnkronen im Vergleich zu ihren unteren Gegenstücken ein weiteres, wenn auch ungenaues, Indiz für das Alter.

Milchzähne

Esel	Pferd
Eintritt der Milchschneidezähne in die Maulhöhle	
Id_1 vor oder in den ersten beiden Wochen nach der Geburt	Id_1 mit etwa 5 bis 8 Tagen
Id_2 mit (9 bis 60) 40 Tagen	Id_2 mit etwa 5 bis 8 Wochen
Id_3 mit (6 bis 14) 9 Monaten	Id_3 mit etwa 5 bis 9 Monaten
Eintritt der Milchprämolaren in die Maulhöhle	
Pd_1 keine Angaben in der Literatur zu finden	Pd_1 fehlt in Ober- und Unterkiefer
Pd_2 bis Pd_4: Vor oder in den ersten Tagen nach der Geburt	Pd_2 bis Pd_4: Zur Zeit der Geburt oder in den ersten Wochen nach der Geburt

Mit ca. 2 Jahren sind die Wurzeln von Pd_2–Pd_4 zurückgebildet und es ist mit „reitenden Zahnkappen" zu rechnen. Darunter werden Milchzahnreste verstanden, deren Wurzeln durch den Druck des nachwachsenden bleibenden Zahns abgebaut wurden, der bleibende Rest hat sich verkeilt. Beim Kauen wird er immer fester auf den hochwachsenden bleibenden Zahn gedrückt.

Milchcanini

Die im Ober- und Unterkiefer angelegten Milchcanini treten nicht in die Maulhöhle ein.

Bleibende Zähne

Der Zahnwechsel der Schneidezähne erfolgt beim **Esel** ziemlich genau drei Monate später als beim **Pferd**.

Esel	**Pferd**
Eintritt der bleibenden Schneidezähne in die Maulhöhle	
I_1 mit 2¾ bis 3¾ Jahren	I_1 mit 2½ bis 3 Jahren
I_2 mit 3¾ bis 4¼ Jahren	I_2 mit 3½ bis 4 Jahren
I_3 mit 4¾ bis 5¼ Jahren	I_3 mit 4½ bis 5 Jahren

Die bleibenden Schneidezähne sind beim **Pferd** etwa 6 Monate nach Eintritt in die Maulhöhle hochgewachsen. Beim **Esel** erfolgt der vollständige Schluss der gegenüberliegenden Schneidezähne in Abhängigkeit von der Rasse mit etwa 4 Monaten.
Die Schneidezähne vom **Esel** sind schmaler und härter als die vom **Pferd** und ihre Kaufläche nimmt frühzeitiger eine rundliche Form an. Wegen ihrer außerordentlichen Härte werden die Schneidezähne beim Esel nicht so schnell abgerieben. Die zungenseitige, linguale Wand der Schmelzbecher ist dünner als die beim Pferd und häufig unvollständig. Daher ist die Abnutzung der Schneidezähne sehr unregelmäßig.

Esel	**Pferd**
Erscheinen des Sternchens an den Schneidezähnen des Unterkiefers	
I_1 mit 3½ bis 4 Jahren	Ab 6 Jahre, oft auch später
I_2 mit 4 bis 4½ Jahren	Ab 8 Jahre, oft auch später
I_3 mit 5½ bis 7 Jahren	Ab 10 Jahre, oft auch später

Erscheinen der Galvayne-Rinne

Esel	**Pferd**
Ab 13 Jahren	Ab 10 Jahren

Beim Vorschieben der beiden Eckschneidezähne des Oberkiefers aus ihren Alveolen wird an der Lippenfläche der Zähne eine senkrecht verlaufende Vertiefung, die Galvayne-Rinne, sichtbar. Diese ist für sich allein kein sicheres Merkmal zur Altersschätzung und tritt nicht bei jedem **Pferd** auf. Sie wird auch beim **Esel** beschrieben.

Die Krümmung der Unterkieferschneidezähne, Konvexität der Vorderfläche, Vestibularfläche, Konkavität der Zungenfläche, Lingualfläche – ist beim **Esel**, im Gegensatz zum **Pferd**, fast ebenso stark wie die der Oberkieferschneidezähne, dadurch sieht es aus, als würden die Esel „grinsen".

Bei dem Versuch, diese bei **Eseln** physiologische Stellung zu korrigieren, kann es zu einem unvollständigen Schluss der Schneidezähne kommen.

Eine Wölbung in dorsaler Richtung ist immer pathologisch und sollte mit der Zeit in kleinen Schritten korrigiert werden, bis wieder eine physiologische Okklusion besteht.

Eintritt der Canini in die Maulhöhle

Esel	Pferd
Circa mit 4¼ bis 5 Jahren	Circa mit 4 bis 5 Jahren

Bei **Eselstuten** sind die Canini, Hakenzähne, rudimentär und individuell unterschiedlich ausgebildet. Röntgenologisch sind sie bei allen weiblichen Tieren mehr oder weniger deutlich zu erkennen, treten aber nicht immer in die Maulhöhle ein. In manchen Fällen durchstoßen sie das Zahnfleisch nur einseitig. Bei **Eselhengsten** sind normalerweise alle 4 Hakenzähne in die Maulhöhle eingetreten.

Hinweis für Zootierärzte
Bei **Zebras** kommen die Hakenzähne im Oberkiefer bei nahezu 100% der Tiere vor. Sie sind oft so lang, dass sie mit dem ersten ausgebildeten Unterkieferbackenzahn in Kontakt treten, wodurch sie noch eine gewisse Funktion beim Kauen haben.

Eintritt der Prämolaren in die Maulhöhle

Esel		Pferd	
P_1	mit 3–4 Monaten zu 90% im Oberkiefer, zu 50% auch im Unterkiefer	P_1	10 bis 15% aller Pferde 5. bis 9. Lebensmonat Oberkiefer: männliche Tiere doppelt so oft wie bei Stuten
P_2	mit ca. 2¾ bis 3 Jahren	P_2	mit ca. 2½ Jahren
P_3	mit ca. 2¾ bis 3 Jahren	P_3	mit ca. 2½ bis 3 Jahren
P_4	mit ca. 3¾ bis 4 Jahren	P_4	mit ca. 3½ Jahren

Dieser spätere Wechsel der Prämolaren beim **Esel** im Vergleich zum **Pferd** ist beim Entfernen von „reitenden Backenzähnen" Zahnkappen, zu beachten. Der P_1 wird auch als **Wolfszahn** bezeichnet (Abb. 3-16).

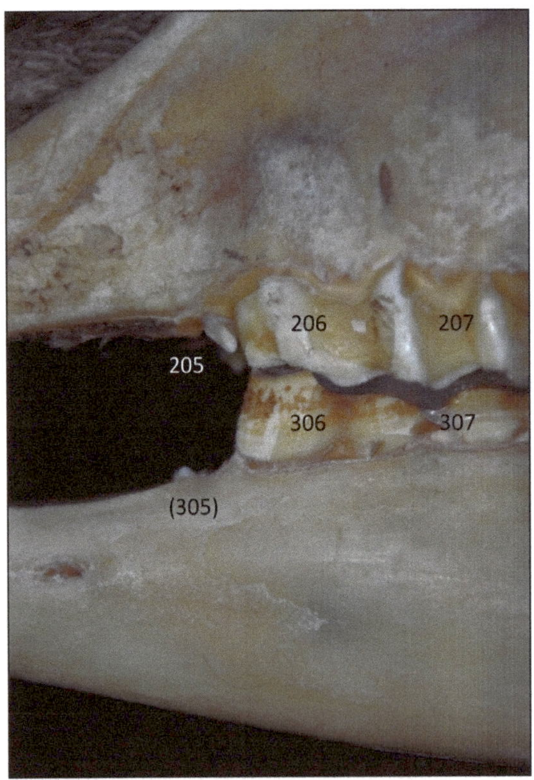

Abb. 3-16 Vier P_1 (Wolfszähne), nur links beschriftet (205, 305), bei einem **männlichen Esel**, wobei die des Unterkiefers nicht in die Maulhöhle eingetreten waren.

Präparation und Aufnahme: Professor Hassen Jerbi, Tunesien

Eintritt der Molaren in die Maulhöhle

Esel	Pferd
M_1 mit ca. 12 Monaten	M_1 mit ca. 6 bis 9 Monaten
M_2 mit ca. 2¼ Jahren	M_2 mit ca. 2 Jahren
M_3 mit ca. 3¾ Jahren	M_3 mit ca. 4 Jahren

Die **Anlagen** der Molaren erscheinen beim **Esel** 2–3 Monate später im Röntgenbild als beim **Pferd**, wobei die Anlagen der Molaren des Oberkiefers drei Monate früher nachweisbar sind als die des Unterkiefers.

Alle Backenzähne haben beim **Esel** ihre endgültige Länge mit etwa 4 Jahren erreicht, während sie beim **Pferd** bis zum Alter von 6 bis 7 Jahren wachsen. Wie beim **Pferd** haben die Backenzähne beim **Esel** im Oberkiefer 3 Wurzeln, die Backenzähne des Unterkiefers besitzen 2 Wurzeln mit Ausnahme des M_3 (Triadan 311, 411), der 3 Wurzeln aufweist.

3.11.2 Spee-Kurve

Die Okklusionsflächen der Backenzähne steigen bei **Esel** und **Pferd** entlang einer Bogenlinie von vorne, rostal, in kaudaler Richtung an. Ihre Verlängerung verläuft beim **Pferd** durch das Kiefergelenk, beim **Esel** ist sie steiler (Abb. 3-17). Die Verlängerung verläuft hier vor, rostral, des Kiefergelenks.

Diese physiologische Kurve ist gering gradig konvex durchgebogen. Bei Rampenbildung durch nicht gleichmäßig abgeschliffene Zähne, die auch bei Eseln auftritt, muss eine Korrektur erfolgen.

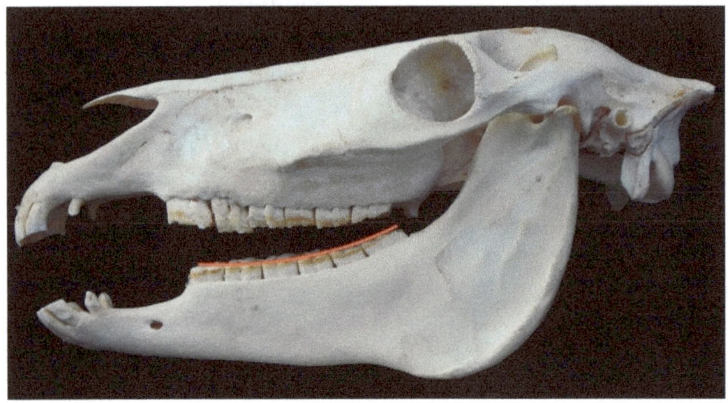

Abb. 3-17 Spee-Kurve, **Esel**. Die Spee-Kurve des 11 Jahre alten **Afrikanischen Esels** verläuft etwas steiler als die beim **Pferd**.

Präparation und Aufnahme: Prof. Hassen Jerbi, Tunesien

Bei **Eseln** wurde eine größere Anzahl von *Anisognathien* (27%) gegenüber **Pferden** (23%) festgestellt.

Anisognathie: Die beiden Zahnreihen des Unterkiefers stehen auch beim **Esel** enger als die des Oberkiefers. Deshalb spricht man von: aniso = ungleich und gnáthos = Kiefer. Dadurch entstehen an den Unterkieferbackenzähnen **innen** und an den Oberkieferbackenzähnen **außen** im Laufe des Lebens Haken aus nicht abgeriebenem Zahn.

Abb. 3-18 Eselschädel mit Oberkieferverkürzung, *Brachygnathia* superior, Hechtgebiss.

Präparation und Aufnahme: Prof. Hassen Jerbi, Tunesien

Überzählige Zähne, *Polyodontie*, konnten bei 2,25% aller **Esel** beobachtet werden und betreffen meistens die letzten Backenzähne des Oberkiefers. Überzählige Zähne finden sich bei 0,5 bis 4,0% der **Pferde.** Eine beidseitige Verdopplung der Hakenzähne, Canini, wie sie beim Pferd selten auftritt, wird in der zugängigen Literatur für **Esel** nicht beschrieben.

3.12 Zunge, *Lingua*

Im Bereich des Übergangs des Zungenkörpers in den Zungengrund ist beim **Esel** wie beim **Pferd** jederseits eine umwallte Geschmacksknospe, **Papilla vallata,** ausgebildet, beim **Esel** findet sich aber regelmäßig **in der Mittellinie** eine weitere, kleine Papilla vallata (Abb. 3-19), die beim **Pferd** sehr selten zu finden ist (Abb. 3-19A).

Beim **Esel** sind häufiger **jederseits** eine kleine zweite und gelegentlich sogar eine dritte Papille anzutreffen, während diese beim **Pferd** ganz selten ausgebildet sind.

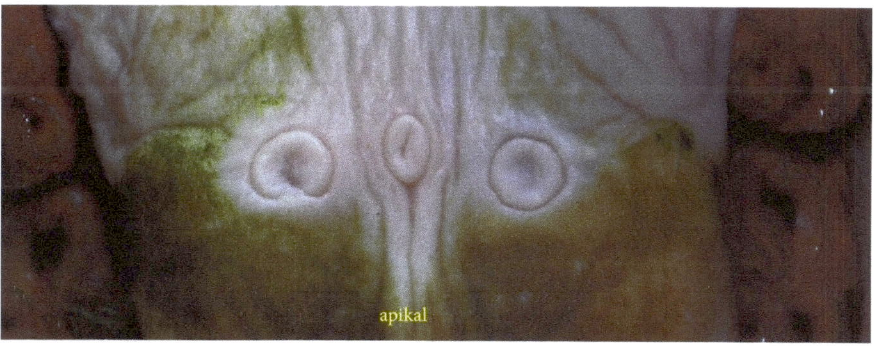

Abb. 3-19 Aufsicht auf den Ausschnitt aus einer Zunge eines **Afrikanischen Esels** mit drei Papillae vallatae und unvollständiger Wallbildung rechts.

Präparation und Aufnahmen: Prof. Hassen Jerbi, Tunesien

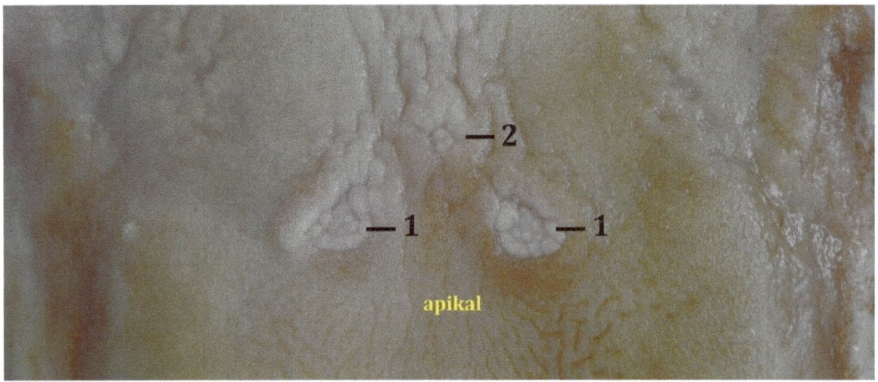

Abb. 3-19A Aufsicht auf den Ausschnitt aus einer Zunge eines **Warmblutpferdes** mit drei Papillae vallatae.
1, 1 seitlich gelegene Papillen, 2 seltene mittlere Papille, alle mit Sekundärpapillen

Aufnahme: Prof. Dr. Anton Fürst, Direktor der Klinik für Pferdemedizin der Universität Zürich

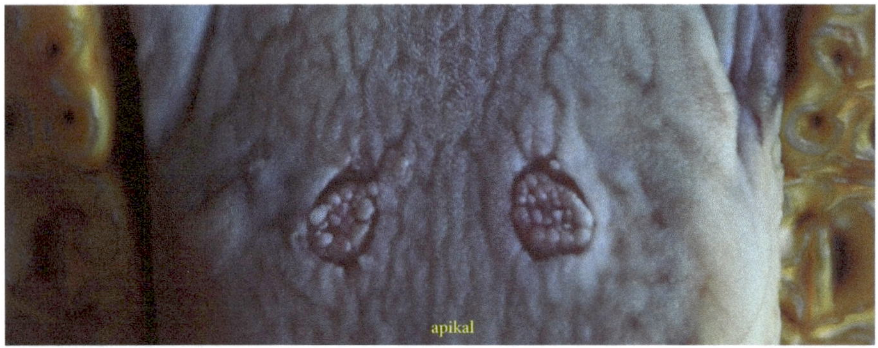

Abb. 3-20 Aufsicht auf den Ausschnitt aus einer Zunge eines **Arabischen Vollblüters** mit zwei seitlich gelegenen Papillen mit deutlicher Oberflächenvergrößerung der Papillen durch Ausbildung runder Sekundärpapillen.

Präparation und Aufnahmen: Prof. Hassen Jerbi, Tunesien

Zungenrückenknorpel

Der beim **Pferd** regelmäßig ausgebildete Zungenrückenknorpel ist 1,2–1,6 cm lang und 0,2–0,6 cm hoch, zylindrisch und verdünnt sich kaudal fadenförmig. Beim **Afrikanischen Esel** wurde der Zungenrückenknorpel bei 20 untersuchten Zungen nur zweimal nachgewiesen. Er war 2–3 cm lang, im Basisbereich 8,5 mm breit und 8 mm hoch, zur Apex hin 4 mm breit und 4 mm hoch.

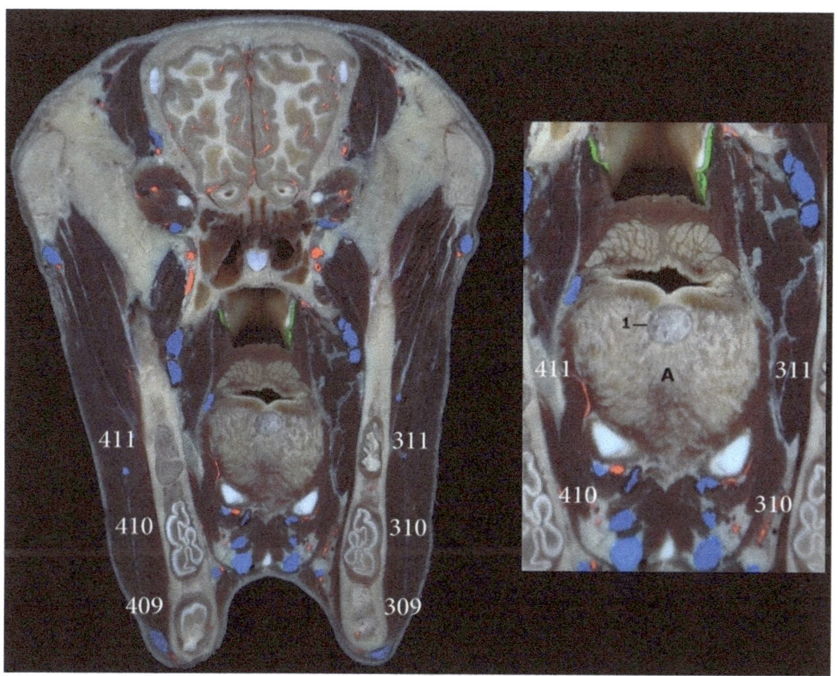

Abb. 3-21 Schrägschnitt durch den Kopf eines **Afrikanischen Esels**. Der Ausschnitt zeigt die Zunge (A) und den hier rundlichen Zungenrückenknorpel.
A Zungenquerschnitt; 1 Zungenrückenknorpel; 309–311 u. 409–411 Backenzähne Unterkiefer

Präparation und Aufnahme: Prof. Hassen Jerbi, Tunesien

3.13 Rachen, *Pharynx*

Der klinisch wichtige Unterschied im Bereich des Rachens, Pharynx, zwischen **Esel** und **Pferd** ist die Ausbildung der unter der Schädelbasis gelegenen Rachenbucht, Recessus pharyngeus (Abb. 3-15/13; 3-21A–C; 3-22 bis 3-24). Diese Bucht hat beim **Esel** eine flache Eingangsöffnung mit einem Durchmesser von circa 1,5 cm, abhängig von der Größe des Tieres und erreicht beim Esel eine Tiefe von 4–7 cm, ist 2–3 cm breit und 1 cm hoch (Abb. 3-21A bis C). Sie dehnt sich unter der Schädelbasis zwischen den Luftsäcken aus. Beim **Pferd** ist diese Bucht nur 1,0–3,0 cm tief, wie bei 15 anatomischen Präparaten festgestellt wurde. Dieser Unterschied spielt beim Einführen einer Nasenschlundsonde eine erhebliche Rolle, da sie beim **Esel** häufig in dieser blind endenden Bucht landet (Abb. 3-21A–C; 3-22; 3-23). Hinter dem Recessus pharyngeus liegen beim **Pferd** die Luftsäcke, beim **Esel** liegen sie mehr seitlich (Abb. 3-15/15, 16).

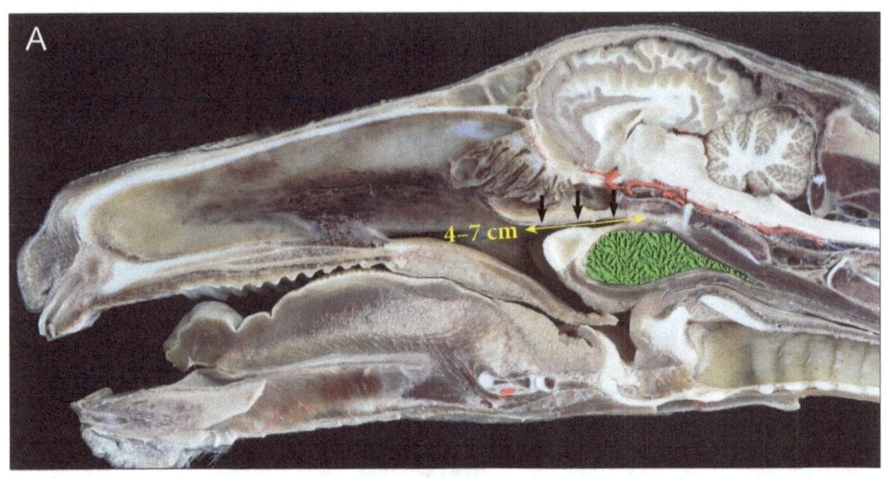

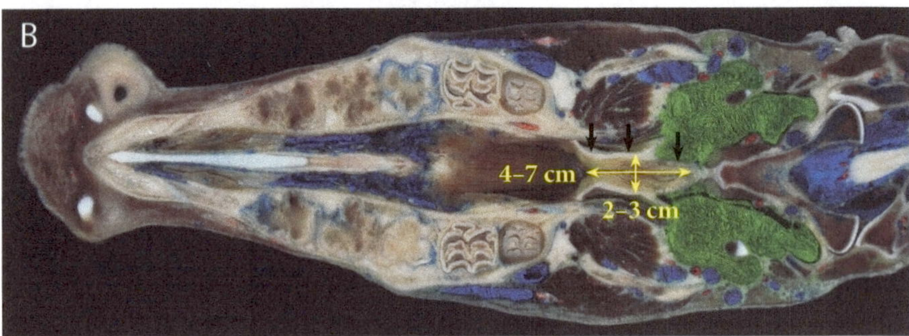

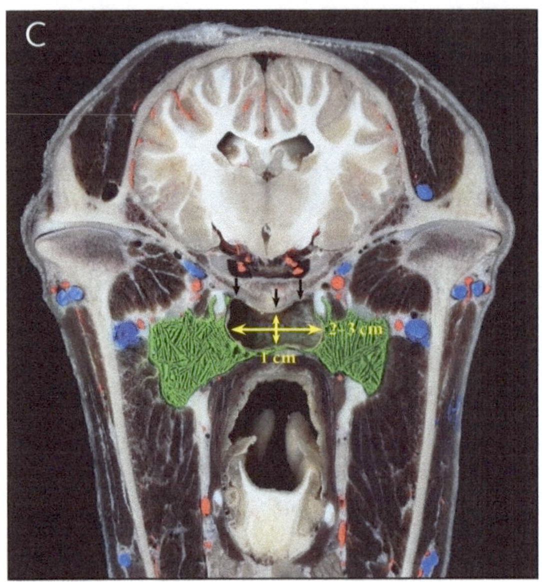

Abb. 3-21A–3-21C Messwerte (Grenzwerte) des Recessus pharyngeus bei Eseln, dargestellt an einem **Afrikanischen Esel**, Luftsäcke mit grünem Latex angefüllt.

3-21A Länge, **3-21B** Länge und Breite,
3-21C Höhe und Breite

Präparation und Aufnahme: Prof. Hassen Jerbi, Tunesien

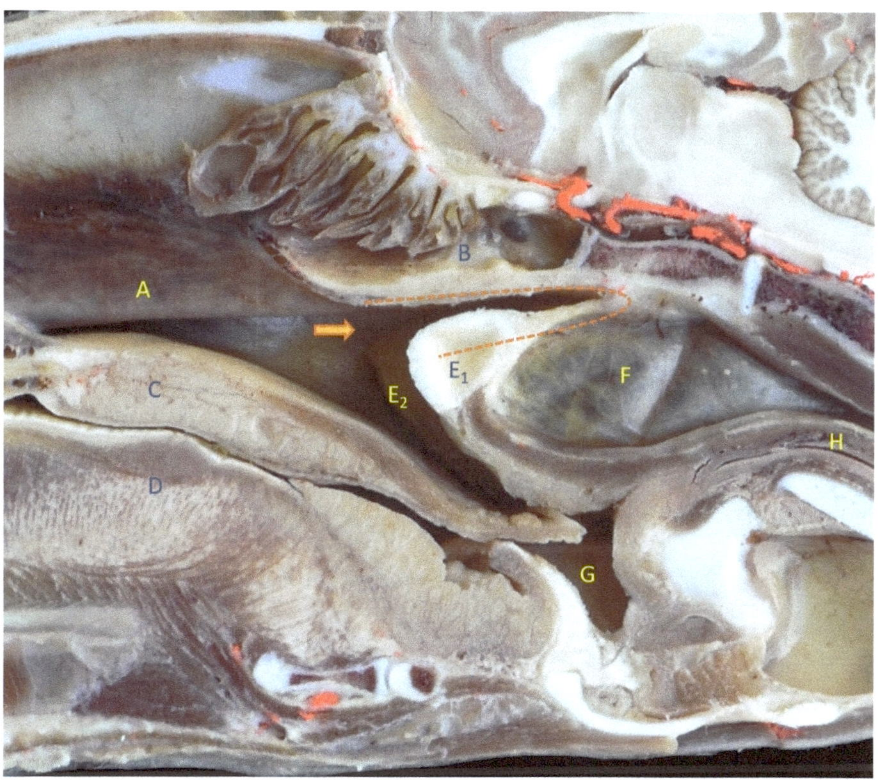

Abb. 3-22 Afrikanischer Esel, rechte Kopfhälfte, nahezu paramedian geschnitten, mit minimalen Anteilen der linken Seite, Ausschnitt.

Präparationsbedingt liegt das Gaumensegel im Kehlkopfeingang, eine in vivo sehr selten anzutreffende Situation.

A Vomer; B Os prespheniodale; C Velum palatinum; D Radix linguae; E_1 Kuppel der linken Tubenklappe; E_2 rechte Tubenklappe; F mediane Scheidewand der beiden Luftsäcke; G Cavum laryngis; H Ösophagus

Gestrichelte Linie: Umriss des Recessus pharyngeus; Pfeil liegt in der Pars laryngia pharyngis und kennzeichnet den Zugang zum Recessus pharyngeus

Präparation und Aufnahme: Prof. Hassen Jerbi, Tunesien, überarbeitet und ergänzt von Dr. Elisabeth Engelke, Anatomisches Institut, Stiftung Tierärztliche Hochschule Hannover

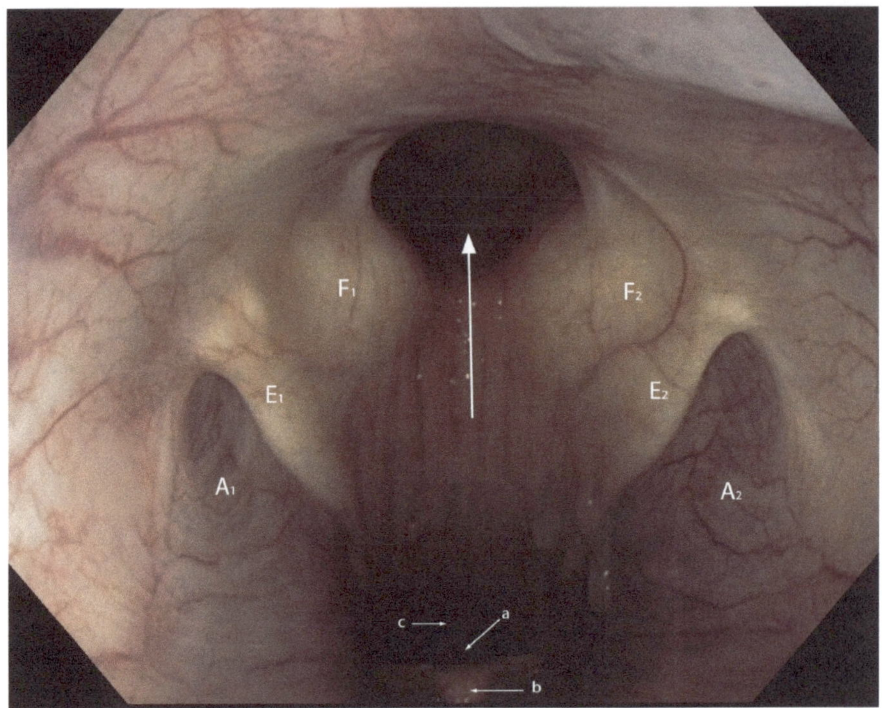

Abb. 3-23 Endoskopie des Recessus pharyngeus beim **Esel**, Ansicht von rostral.

A_1 rechtes Ostium pharyngeum tubae auditivae; A_2 linkes Ostium pharyngeum tubae auditivae; E_1 rechte Tubenklappe; E_2 linke Tubenklappe; F_1 Wand der rechten Tubenklappe; F_2 Wand der linken Tubenklappe; Pfeil zeigt in den tiefen Recessus pharyngeus, der sich bei der Atmung und besonders beim Wiehern in den Rachen vorstülpt.

a Aryknorpel; b Kehldeckelspitze; c Arcus palatopharyngeus, zwischen a und b liegt der Eingang in den Kehlkopf, zwischen a und c liegt der Eingang in den Ösophagus

Aufnahme mit: Evis Exera II CLV-180 System, HDTV-Videokoloskop 160 cm, Fa. Olympus

Aufnahme: Prof. Dr. Bernd Ohnesorge, Klinik für Pferde, Stiftung Tierärztliche Hochschule Hannover

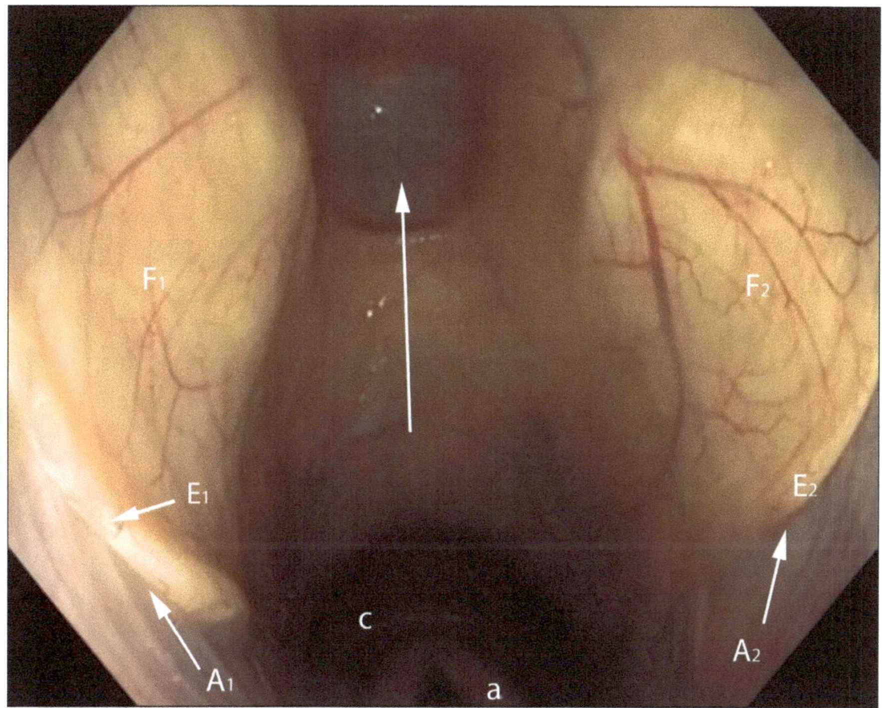

Abb. 3-24 Endoskopie des Recessus pharyngeus beim **Pferd**, Ansicht von rostral.

A_1 rechtes Ostium pharyngeum tubae auditivae; A_2 linkes Ostium pharyngeum tubae auditivae; E_1 freier Rand der rechten Tubenklappe; E_2 freier Rand der linken Tubenklappe; F_1 Wand der rechten Tubenklappe, F_2 Wand der linken Tubenklappe, beide durch die Schleimhaut schimmernd; Pfeil zeigt auf die sich bei der Atmung synchron leicht hin und her bewegende Wand des beim Pferd im Durchschnitt nur 1,0–3,0 cm tiefen Recessus pharyngeus;

a Aryknorpel; c Arcus palatopharyngeus, zwischen a und c liegt der Eingang in den Ösophagus

Aufnahme mit: Evis Exera II CLV-180 System, HDTV-Videokoloskop 160 cm, Fa. Olympus

Aufnahme: Prof. Dr. Bernd Ohnesorge, Klinik für Pferde, Stiftung Tierärztliche Hochschule Hannover

Die in rostrokaudaler Richtung, inklusive des Recessus pharyngeus gemessenen Durchmesser des Nasenrachens, Pars nasalis pharyngis, in ihrem dorsalen, mittleren und ventralen Bereich stehen beim **Esel** in einem Verhältnis von: 7:1:3, beim **Pferd** in einem Verhältnis von: 3:1:2. Ohne den Recessus pharyngeus betragen die Werte beim **Esel** 5:1:3 und beim **Pferd** 2,6:1:2. Es ist also der Luftweg beim **Esel** in seinem dorsalen und in seinem ventralen Bereich wesentlich weiter als beim **Pferd** (siehe auch Kehlkopf Kap. 3.14).

Bei in vivo Beobachtung vom **Esel** während Endoskopien wurde festgestellt, dass sich bei forcierter Atmung oder bei der tiefen Einatmung zu Beginn des Wieherns die hinteren unteren, kaudoventralen, Wände des Recessus pharyngeus, hinter denen die Luftsäcke liegen, in das Lumen vorwölben und sich sogar durch die Öffnung der Rachenbucht vorstülpen (Abb. 3-21B, 3-23).

Beim **Pferd** kommt es bei der Atmung ebenfalls zur Bewegung der Wand der Rachenbucht (Abb. 3-24).

Das typische Wiehern des Eselhengstes hat eine einatmungs-, inspiratorische, und eine ausatmungs-, exspiratorische, Komponente und steht im Zusammenhang mit der Rachenbucht.

Bei Importeseln, besonders aus Nordafrika, kann im Rachenbereich ein starker Befall mit Larven der Dasselfliege, Gasterophilus pecorum vorliegen (Abb. 3-25).

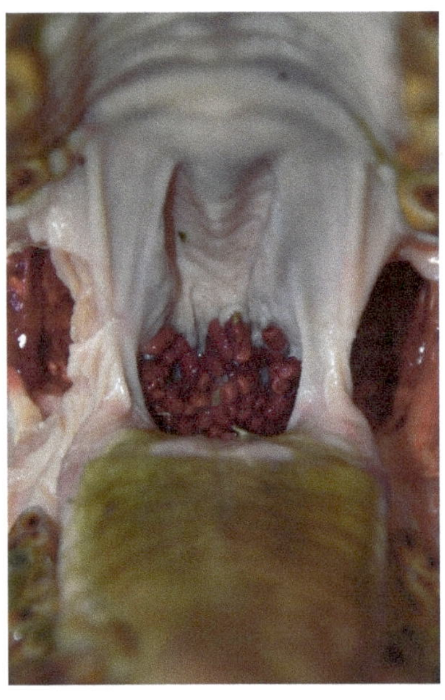

Abb. 3-25 Starker Befall des Rachens mit Larven von Gasterophilus pecorum bei einem **Afrikanischen Esel**.

Präparation und Aufnahme:
Prof. Hassen Jerbi, Tunesien

3.14 Kehlkopf, *Larynx*

Ein klinisch bedeutender Unterschied in der Form des Kehlkopfs von **Esel** und **Pferd** liegt in der Ausformung des Kehldeckels, der Epiglottis. Beim Esel zeigt die Epiglottis eine deutlich ausgeprägte Spitze (Abb. 3-26/b). Dadurch kann das Einführen einer Nasenschlundsonde beeinträchtigt werden, indem die Kehldeckelspitze zur Seite gedrängt wird und die Sonde im Kehlkopf landet.

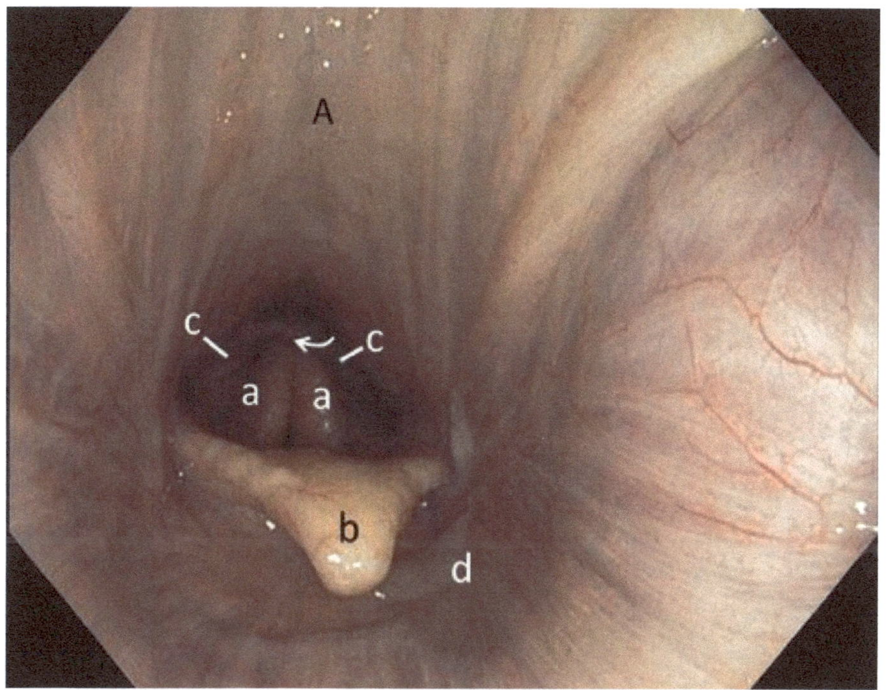

Abb. 3-26 Endoskopie des Kehlkopfs beim **Esel**, Ansicht von rostral.

A Nasenrachendach
a Aryknorpel; b Kehldeckelspitze; c Arcus palatopharyngeus; d Gaumensegel, nasenrachenseitige Fläche. Zwischen a und c liegt der Eingang zum Ösophagus (gebogener Pfeil).

Aufnahme mit: Evis Exera II CLV-180 System, HDTV-Videokoloskop 160 cm, Fa. Olympus

Aufnahme: Prof. Dr. Bernd Ohnesorge, Klinik für Pferde, Stiftung Tierärztliche Hochschule Hannover

Der Kehlkopfeingang ist beim **Esel** im Mittelwert 5,5° nach **hinten-unten, kaudoventral**, gerichtet, er steigt also vorne, kranial, an. Diese Stellung erschwert das Einführen eines Endoskops, das sehr häufig im 6–7 cm tiefen Recessus pharyngeus landet (Abb. 3-27).

Beim **Pferd** ist der Kehlkopfeingang ca. 2,5° von der Senkrechten nach **vorne-unten, rostroventral**, geneigt (Abb. 3-27).

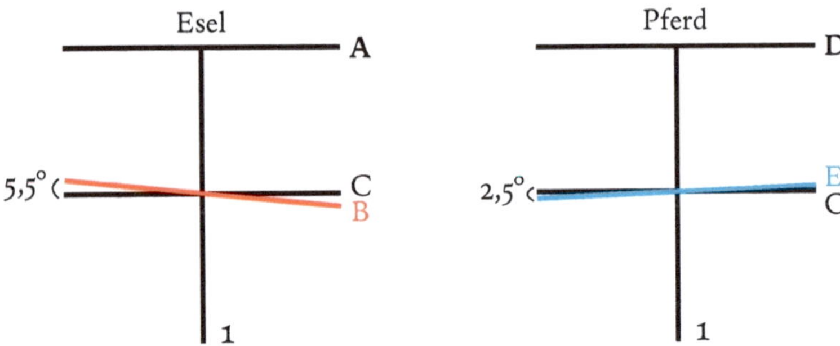

Abb. 3-27 Vergleichende Darstellung der Winkelung des Aditus laryngis zur Schädelbasis von **Esel** und **Pferd**, jeweils links rostral, rechts kaudal.

A Schädelbasis Esel, 1 Senkrechte dazu; B Verlaufsrichtung der Verbindungslinie der Kehldeckelspitze zu dem Bereich zwischen den Procc. corniculati der Aryknorpel; C zur Schädelbasis parallel verlaufende Gerade, die gemeinsam mit B die Neigung des Kehlkopfeingangs von 5,5° von **rostrodorsal** nach **kaudoventral** kennzeichnet.

D Schädelbasis Pferd, 1 Senkrechte dazu; E Verlaufsrichtung der Verbindungslinie der Kehldeckelspitze zu dem Bereich zwischen den Procc. corniculati der Aryknorpel; C zur Schädelbasis parallel verlaufende Gerade, die gemeinsam mit E den Anstieg des Kehlkopfeingangs von 2,5° von **rostroventral** nach **kaudodorsal** kennzeichnet.

Quelle: Lindsay und Clayton (1986), umgezeichnet.

Beim **Esel** sind die seitlichen Kehlkopffalten, Plicae aryepiglotticae, relativ kurz im Vergleich zum **Pferd**. Dadurch liegt der Kehldeckel beim **Esel** weiter hinten, kaudal, und damit dichter an den Stellknorpeln, Cartilagines arytaenoideae. Der Kehlkopfeingang, Aditus laryngis, liegt also gesamthaft weiter hinten, kaudal, als beim **Pferd**. Auch deshalb ist das Einführen eines Endoskops deutlich erschwert, z. T. sogar erfolglos.

Durch die Kehlkopfstellung ist es beim **Esel** nicht möglich, die Stimmfalten und die seitlichen Kehlkopftaschen problemlos zu sehen. Teile des Kehlkopfs können beim **Esel** pigmentiert sein.

Kapitel 4
Hals, *Collum*

4.1 Haut und subkutanes Gewebe, *Integumentum commune et Subcutis*

Esel haben eine deutlich dickere Haut als **Pferde** und **Ponys**, was bei iv. Injektionen zu berücksichtigen ist (siehe Kap. 4.6).

Im Bereich des Nackenbandes entwickeln viele **Esel** ernährungsbedingt einen aus Fett- und Bindegewebe bestehenden Nackenkamm-Mähnenkamm (Abb. 4-1), der bis 20 cm hoch sein kann und gelegentlich gemeinsam mit der Mähne nach einer Seite umkippen kann. Dieses Fettpolster kann sich über den Rücken und die Rippen bis zur Kruppe ausdehnen. Im Laufe der Zeit kann es im Nackenkamm zu Verkalkungen, *Kalzifizierungen*, kommen, die sehr hart werden können. Die Haut über dem Fettgewebe ist in diesem Bereich deutlich dicker als in anderen Körperabschnitten.

Abb. 4-1 Mähnenkamm eines **Esels**, stark Fett unterlagert. Außerdem Fettansammlungen im Rumpf- und Beckenbereich.

Aufnahme: Little Longears Miniature Donkey Rescue, MD, USA

4.2 Halswirbel, *Vertebrae cervicales*

Im Bereich des Halses waren bei allen untersuchten Eselrassen konstant 7 Halswirbel ausgebildet.

4.3 Luftröhre, *Trachea*

Beim **Esel** hat die Trachea im Vergleich zu gleichgroßen **Ponys** einen **geringeren Durchmesser**, was bei einer Intubation berücksichtigt werden muss. Sie besteht aus durchschnittlich 43 Knorpelspangen (34–50). Diese sind im oberen Halsbereich rund, im unteren Halsbereich oval. Bei alten Tieren kommt es gelegentlich zur Verkalkung der Knorpelspangen und/oder durch Abflachung der Knorpelspangen von oben nach unten gelegentlich zu Einengungen, *Obstruktionen* der Luftröhre.

4.4 Schilddrüse, *Thyreoidea*

Die beiden Lappen der Schilddrüse sind ovoid und liegen beim Esel drei fingerbreit kaudal des Unterkieferwinkels, Angulus mandibulae. Sie haben eine durchschnittliche Länge von 2,23 (1,9–2,8) cm und reichen vom Ringknorpel bis in die Höhe der 3. Trachealspange. Damit ist die Schilddrüse beim **Esel** nur halb so lang, halb so dick und wiegt nur die Hälfte von der bei einem gleichgroßen **Pferd**, ist aber nahezu gleich in der Breite.

Beim **Esel** und beim **Muli** ist der die beiden Lappen verbindende schmale **Isthmus** gut entwickelt und enthält meistens Drüsengewebe, während er beim **Pferd** bindegewebig ist.

4.5 Speiseröhre, *Oesophagus*

Bei etwa einem Drittel aller **Esel** ist der Anfangsabschnitt der Speiseröhre pigmentiert.

4.6 Halshautmuskel, *M. cutaneus colli,* und äußere Drosselrinnenvene, *V. jugularis externa,* Punktion

Der Hauthalsmuskel (Abb. 4-2/5), dessen Volumen in Abhängigkeit von der Größe des **Esels** und seiner Nutzung, z. B. als Zugtier, (Abb. 4-4), sehr unterschiedlich ist, entspringt am auffallend großen vorderen Teil des Brustbeins, Manubrium sterni, bedeckt beim **Esel** die Drosselrinne in ihrem mittleren Drittel, manchmal auch schon im unteren Drittel, und geht, sich verdünnend auf den M. brachiocephalicus über, mit dem er teilweise verschmilzt.

Beim **Pferd** ist der M. cutaneus colli, je nach Rasse, in seinem Ursprungsbereich am Brustbein, mit 4–7 mm besonders kräftig entwickelt. Er bedeckt die Drosselrinne zum größten Teil. Gelegentlich reichen seine Fasern bis in den Kehlgang.

Eine Punktion der V. jugularis externa (Abb. 4-2/2; 4-3/4; 4-3A) ist beim mittelgroßen bis sehr großen **Esel** deshalb nur im oberen Drittel erfolgversprechend. Bei kleinen Tieren, z. B. beim **Afrikanischen Esel,** ist der Muskel dünn (Abb. 4-2/5; 4-3/8) und deshalb kein bedeutendes Hindernis bei Punktion in der Halsmitte. Bei sehr fetten Tieren und bei gut bemuskelten Eselhengsten kann die Punktion schwierig sein. Bei mageren **Eseln** besteht die Gefahr der Perforation der Vene und nach Durchdringen des M. omohyoideus (Abb. 4-3/7) die Halsschlagader, A. carotis communis (Abb. 4-3/3), zu punktieren. Aufgrund des dichten Fells bei zahlreichen Eselrassen ist hier die Injektionsstelle zu scheren und wegen der dicken Haut ist die Kanüle steiler anzusetzen als beim Pferd.

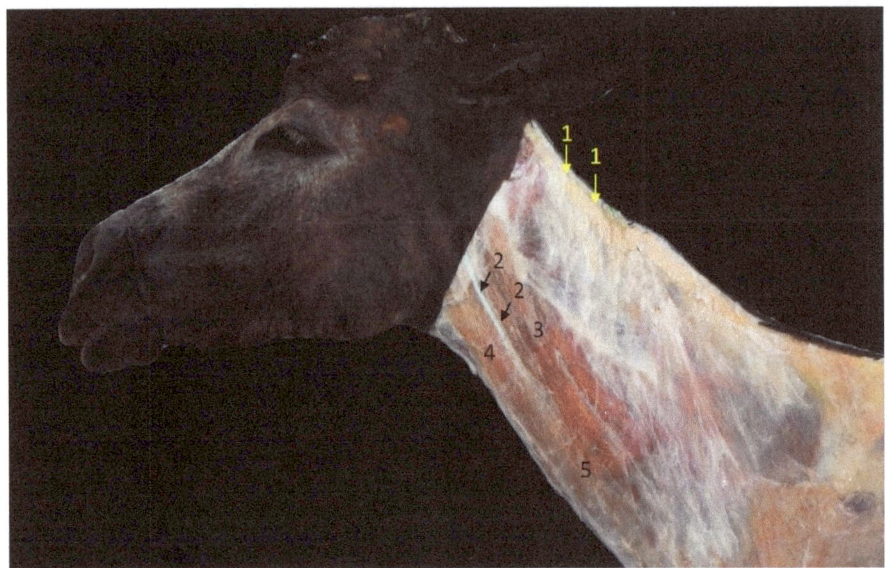

Abb. 4-2 M. cutaneus colli eines **Afrikanischen Esels**, die Drosselrinne in ihren unteren ⅔ bedeckend.

1 Nackenband; 2 V. jugularis externa; 3 M. brachiocephalicus; 4 M. sternomandibularis; 5 M. cutaneous colli

Präparation und Aufnahme: Prof. Hassen Jerbi, Tunesien

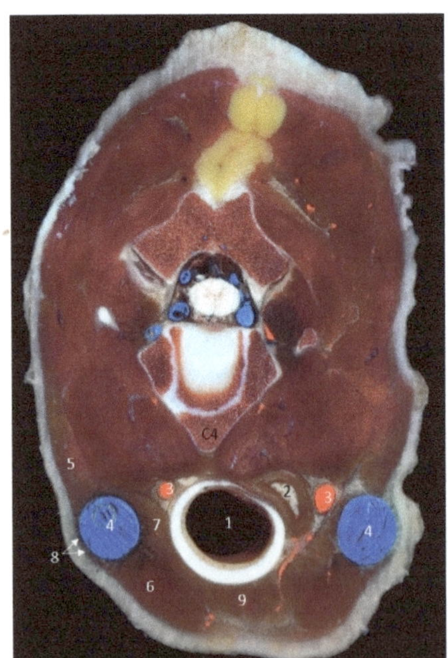

Abb. 4-3 Querschnitt durch den Hals eines **Afrikanischen Esels** in Höhe des 4. Halswirbels, C4, Ansicht von kranial.

Die Gefäße wurden mit Neoprenlatex injiziert, Arterien rot, Venen blau.

1 Trachea; 2 Ösophagus; 3 A. carotis communis; 4 V. jugularis externa; 5 M. brachiocephalicus; 6 M. sternomandibularis; 7 M. omohyoideus; 8 M. cutaneus colli; 9 Mm. sternohyoidei und Mm. sternothyroidei.

Präparation und Aufnahme: Prof. Hassen Jerbi, Tunesien

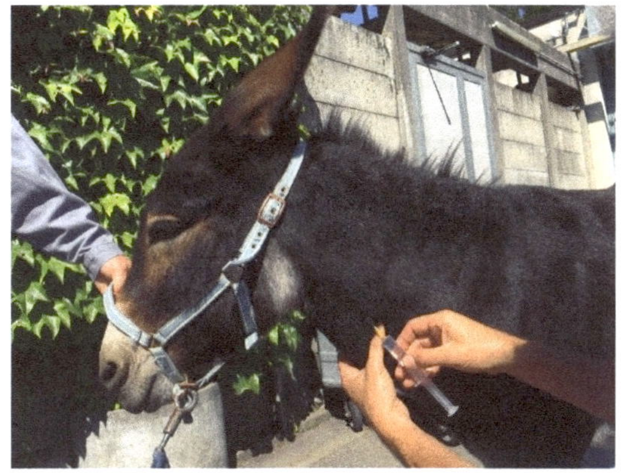

Abb. 4-3A Intravenöse Injektion bei einem **Europäischen Esel** im oberen Drittel der V. jugularis externa, linke Halsseite.

Besitzer: Thomas Messmer, Rafz
Aufnahme: Prof. Dr. Anton Fürst, Direktor der Klinik für Pferdemedizin der Universität Zürich

Abb. 4-4 Dieser **Arbeitsesel** hat sicher einen sehr kräftigen M. cutaneus colli.

Aufnahme: Neil Koistrategy

4.7 Halslymphknoten, *Nll. cervicales*

Buglymphknoten, *Nll. cervicales superficiales*

Die Zahl der Einzelknoten beträgt beim **Esel** nur 35–50, während die deutlich größeren Lymphknoten beim **Pferd** aus 60–130 Einzelknoten bestehen.

Kapitel 5
Rumpf, *Truncus*

5.1 Haut und subkutanes Gewebe, *Integumentum commune et Subcutis* (siehe auch Kap. 2.4 Pangare-Gen)

Das sich beim **Esel** im Halsbereich über dem Nackenband bildende Fett- und Bindegewebepolster dehnt sich oft über den gesamten Rücken und die Flanken aus und ist von einer bemerkenswert dicken Haut bedeckt (Abb. 4-1).

Haarscheitel in der Flanke beim **Muli** siehe Kapitel 2.10, Abb. 2-7B.

5.2 Wirbel, *Vertebrae*

Die Zahl der **Brustwirbel** kann beim **Esel** zwischen 17 und 19 schwanken, ebenso die Zahl der Rippenpaare. Der **Widerrist** ist sowohl beim **Esel** als auch beim **Muli** meistens nicht sehr prominent.

Fünf Lendenwirbel sind der Normalfall. In einem Fall mit nur 17 Brustwirbeln waren 6 statt der normalerweise 5 Lendenwirbel ausgebildet. Dieser 6. Lendenwirbel war mit dem Kreuzbein verwachsen. Ein **Esel** mit 19 Brustwirbeln hatte trotzdem 5 Lendenwirbel. Auch beim **Maultier** finden sich nur 5 Lendenwirbel.

Es werden **Esel** mit 4 bzw. 6 **Kreuzwirbeln** beschrieben. In situ fällt das **Kreuzbein** beim **Esel** nach hinten, kaudal, ab, wodurch der Wirbelkanal im kaudalen Bereich leicht nach unten, ventral, geneigt ist. Die Dornfortsätze zeigen nach hinten und oben, kaudodorsal, und nehmen in kaudaler Richtung rapide an Höhe ab. Auch beim **Esel** kommt es wie beim **Pferd** häufig zur Verwachsung des Kreuzbeins mit dem 1. Schwanzwirbel.

Bei **Esel** liegt die Zahl der **Schwanzwirbel** zwischen 15 und 17, beim **Pferd** schwankt die Zahl der Schwanzwirbel zwischen 15 und 21. Die Schweiflänge beträgt beim **Esel** durchschnittlich 61 cm (Abb. 2-8A), beim **Muli**, bei dem der Schweif pferdeähnlich ist, 73 cm (Abb. 2-8B).

Die Schwanzwirbel sind beim **Esel** wesentlich besser ausgebildet als beim **Pferd**. Der Wirbelbogen des ersten Schwanzwirbels ist bei Esel und **Muli** meistens geschlossen (Abb. 5-2/a) die folgenden 2–3 Wirbel können oben, dorsal, geschlossen sein oder sind noch offen (Abb. 5-2/b–d; 5-2A/S3).

Die harte Rückenmarkshaut, Dura mater spinalis, die das Rückenmark umhüllt, reicht beim **Esel** bis zum 1., manchmal bis zum 2. Schwanzwirbel.

Hier sind die oft dorsal noch offenen paarigen Dornfortsatzanlangen beim **Esel** auf Grund des Fehlens von kräftigen Schwanzmuskeln trotz starker Behaarung gut zu palpieren.
Fettgewebe in diesem Bereich kann die Palpation beim **Esel** erheblich behindern oder sogar unmöglich machen.

Die Kanüle für die Epiduralanästhesie wird bei **Pferd, Esel** und **Muli** weltweit unterschiedlich platziert.

Entweder wird die Kanüle beim **Pferd** senkrecht auf der Haut angesetzt zwischen **1. und 2. Schwanzwirbel** oder in einem Winkel von circa 45° zur Hautoberfläche eingeführt.
Beim **Esel**, aber auch beim **Muli** (Abb. 5-2) wird die Kanüle in einem Winkel von circa 35° zur Hautoberfläche zwischen **2. und 3. Schwanzwirbel** vorgeführt, kann aber auch senkrecht wie beim Pferd platziert werden (Abb. 5-1 bis Abb. 5-2B).

Beachte: Der 1. bis 3., manchmal auch noch der 4. Schwanzwirbel sind bei **Esel, Muli** und **Pferd** im Rumpf eingebaut (Abb. 5-2A; 5-2B) und werden bei Bewegung des Schwanzes in ihrer Lage nicht verändert. Deshalb spielt die Aufwärts- oder Abwärtsbewegung zur Auffindung des Zwischenwirbelspaltes keine Rolle.

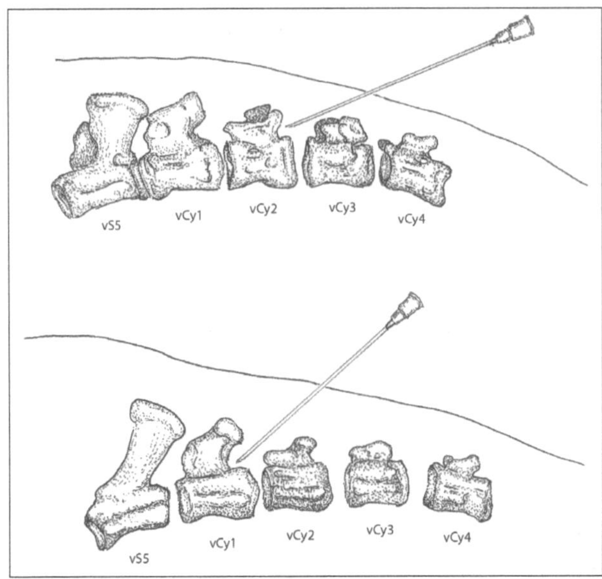

Abb. 5-1 Darstellung der unterschiedlichen Positionen der Kanülen bei der Epiduralanästhesie von **Esel**, **Muli** und **Pferd.**

oben: **Esel** und **Muli**: die Injektion erfolgt zwischen 2. und 3. Schwanzwirbel.

unten: **Pferd**: die Injektion erfolgt zwischen 1. und 2. Schwanzwirbel.

Aus: Burnham, S. (2002), AAEP Proceedings 48, 107, umgezeichnet vonTierärztin Kim Übermuth, Wildeshausen

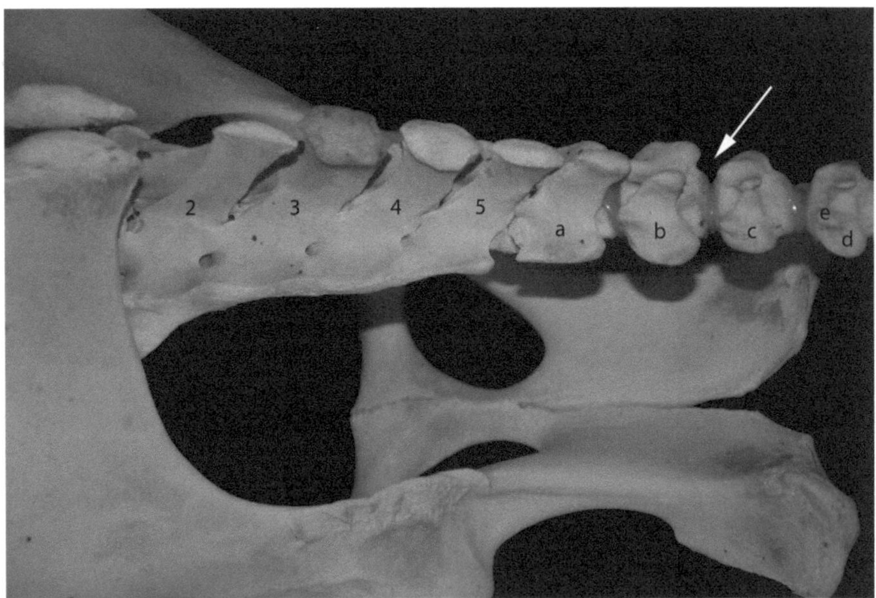

Abb. 5-2 Kreuzbein und erste Schwanzwirbel zur Darstellung der Epiduralanästhesie beim **Muli.**

2–5 gleichzählige Kreuzwirbel; a–d 1.–4. Schwanzwirbel; e nicht zum Wirbelbogen, Arcus vertebrae, verwachsene Laminae vertebrae des 4. Schwanzwirbels; Pfeil: weites Spatium interarcuale zwischen 2. und 3. Schwanzwirbel zur Einführung einer Kanüle.

Präparation und Aufnahme: Prof. Hassen Jerbi, Tunesien

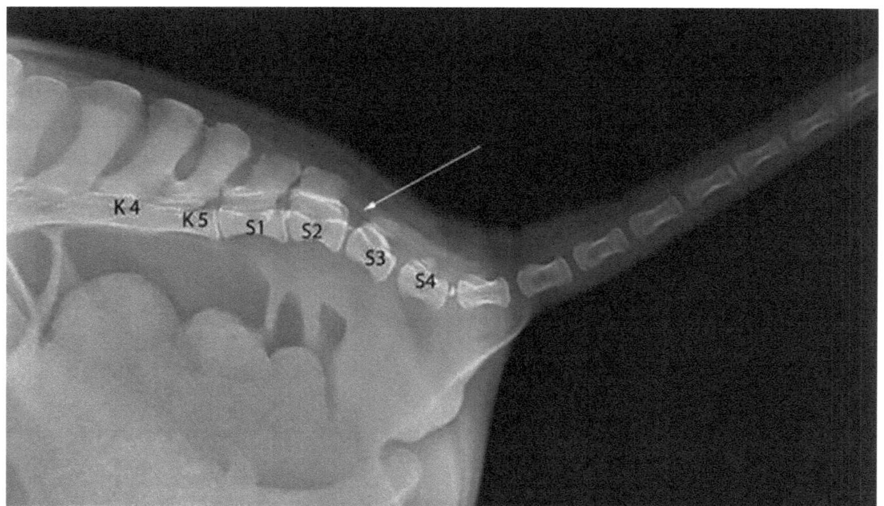

Abb. 5-2A Radiologische Darstellung des Kreuzbeins und der Schwanzwirbelsäule eines **Esels** im seitlichen Strahlengang. Die Kanüle für die Punktion des Epiduralraums wird zwischen dem 2. und 3. Schwanzwirbel in einem Winkel von etwa 35° vorgeschoben.

Beachte: Die ersten vier Schwanzwirbel (Abb. 5-2A/S1-S4) liegen im Rumpfbereich. K4, K5 entsprechende Kreuzwirbel; S1–S4 1. bis 4. Schwanzwirbel;

Besitzer: Michelle Jackson, Schweiz
Aufnahme: Prof. Dr. Anton Fürst, Direktor der Klinik für Pferdemedizin der Universität Zürich

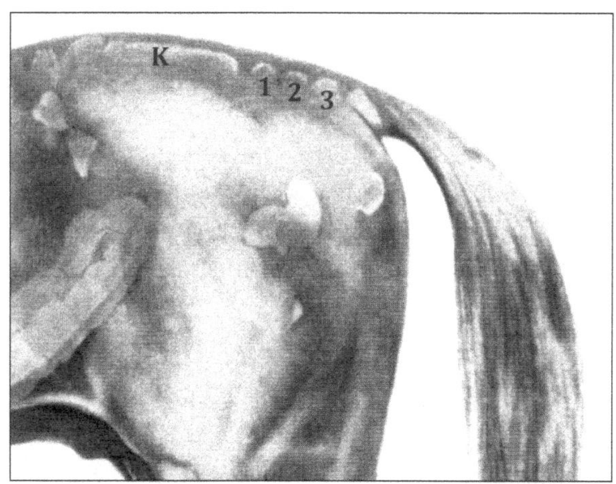

Abb. 5-2B Regio glutaea der linken Körperseite eines **Warmblutpferdes** zur Darstellung der Integration der ersten drei Schwanzwirbel in den Rumpf.

Ausschnitt aus: Seiferle, E.: Sicht- und tastbare Strukturen am Pferd. Angewandte Anatomie am Lebenden. Schweiz. Arch. Tierheilkd. 94, 280–286, Tafel 1

5.3 Brustbein, *Sternum*

Das Brustbein besteht in seinem kranialen Bereich aus dem knöchernen Manubrium sterni (erstes knöchernes Element) und dem sich kranial anschließendem Cartilago manubrii. Dieser steht beim **Esel** (Abb. 5-3A) etwas steiler als beim **Pferd** (Abb. 5-3B). Das Manubrium sterni dient jederseits dem Halshautmuskel, M. cutaneus colli, als Ursprung, der beim Pferd sehr kräftig ist.

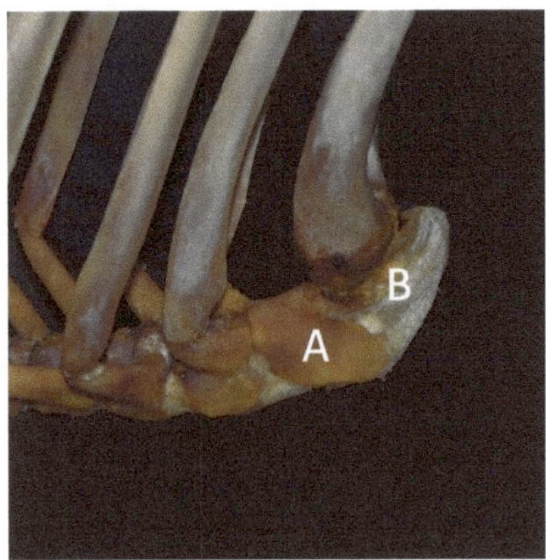

Abb. 5-3A Sternum vom **Esel** mit Teilen der 1.–3. Rippe.

A Manubrium sterni; B Cartilago manubrii.

Präparation und Aufnahme: Prof. Hassen Jerbi, Tunesien

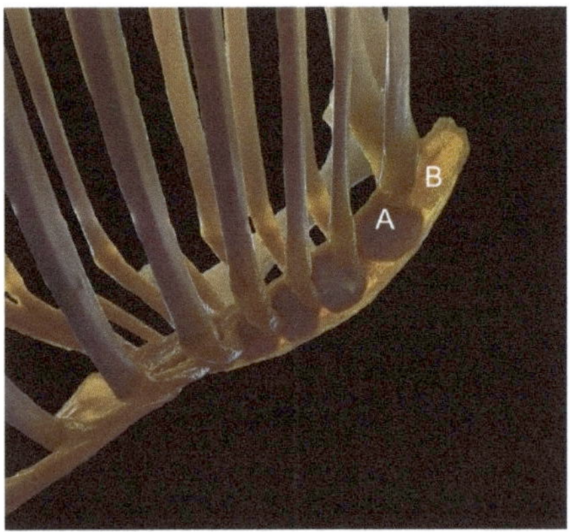

Abb. 5-3B Sternum vom **Pferd** mit Teilen der 1.–7. Rippe

A Manubrium sterni; B Cartilago manubrii.

Aufnahme: Prof. Dr. Horst König, Wien

5.4 Brustmuskeln, *Mm. pectorales*

Die Brustmuskeln sind beim Esel relativ schwach entwickelt und sind deshalb für eine im. Injektion nicht geeignet.

5.5 Bauchmuskeln und ihre arterielle Versorgung

Auf dem in der Tiefe der Flanke gelegenen Querbauchmuskel, M. transversus abdominis, liegt bei **Esel** und **Pferd** die A. circumflexa ilium profunda (Abb. 5-3C/8, 8'), die von hier in den weiter oberflächlich liegenden inneren schiefen Bauchmuskel, M. obliquus internus abdominis, eintritt (Abb. 5-3C/3). Bei laparoskopischen Eingriffen besteht die Gefahr, dass Äste dieser Arterie verletzt werden, was nach Entfernen des Instrumentes zu erheblichen Nachblutungen führen kann.

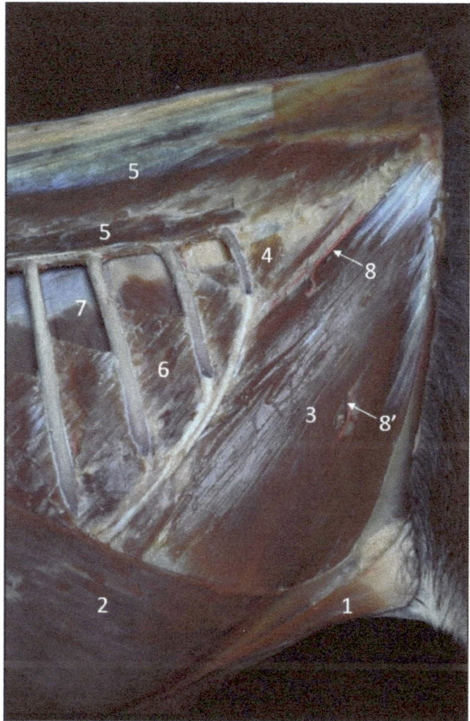

Abb. 5-3C Darstellung der A. circumflexa ilium profunda bei einem **Afrikanischen Esel.**

1 M. cutaneus trunci; 2 M. obliquus externus abdominis; 3 M. obliquus internus abdominis; 4 M. retractor costae; 5, 5 M. longissimus thoracis; 6 M. intercostalis internus; 7 Diaphragma; 8, 8' A. circumflexa ilium profunda, 8 R. cranialis, 8' R. caudalis

Präparation und Aufnahme:
Prof. Hassen Jerbi, Tunesien

Kapitel 6
Gliedmaßen

6.1 Stellung beider Gliedmaßenpaare

Beim **Esel** und beim **Maultier** wird oft eine rückständige Stellung der Schultergliedmassen und eine kuhhessige (x-beinige) Stellung der Beckengliedmassen beobachtet. Diese Abweichung von der normalen Stellung beim **Pferd** im Bereich der Beckengliedmaßen wird beim **Esel** und beim **Maultier** als Grundlage für die Trittsicherheit in unebenem Gelände angesehen.

Zur Beurteilung von Huf- und Fesselstand, die angeboren und nicht durch Hufbearbeitung zu verändern sind, gibt es zwei Winkel von Bedeutung:

Fesselstand: Winkel zwischen der Längsachse des Fesselbeins und der Waagerechten des ebenen Bodens (Abb. 6-1/a).
Hufwinkel: Winkel zwischen der Vorderkante des Hornschuhs und der Waagerechten des ebenen Bodens (Abb. 6-1/b).

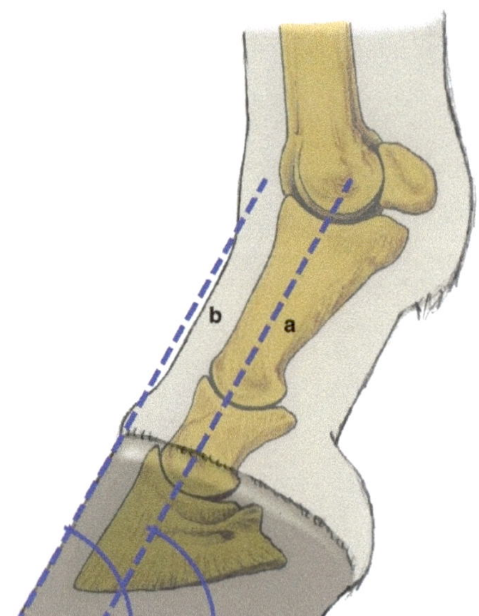

Abb. 6-1 Huf-Fessel-Achse
a Linie durch die Mitte des Fesselbeins in Richtung Boden; b Linie vom Fesselgelenk entlang der vorderen Hufwand bis zum Boden.

Nach: Friedrich, Esel- und Mulihufe, Abb. 23, umgezeichnet von Matthias Haab, Zürich

Zur Ermittlung der korrekten Stellung zieht man, von der Seite gesehen, eine Linie durch die Mitte des Fesselbeins in Richtung Boden (Abb. 6-1/a) und eine 2. Linie vom Kronrand entlang der vorderen Hufwand bis zum Boden (Abb. 6-1/b). Verlaufen diese beiden Linie parallel, so passt der Huf zum Fesselstand. Diese Konstruktion wird Huf-Fessel-Achse genannt. Sind diese Linien jedoch geknickt (in der Fachsprache: „gebrochen"), passt der Huf nicht zum Fesselstand. Nur durch Röntgenaufnahmen kann die Huf-Fessel-Achse korrekt bestimmt werden.

Beim **Esel** bildet das elastisch-fibrilläre Gewebe des Saumsegmentes, das unterhalb des Haaransatzes am Huf liegt, ein besonders kräftiges **Saumpolster**, auch Saumhornwulst genannt, das sich häufig über den Kronrand wölbt und eine Beurteilung der Huf-Fessel-Achse erschwert.

Bei gesunden **Eseln** liegt der Zehenwandwinkel sowohl an den Vorder- als auch an den Hinterhufen zwischen von 58° und 63°, im Mittel 60°. Bei **Maultieren** liegt der Durchschnittswert des Zehenwandwinkels sowohl für Vorder- als auch für Hinterhufe bei 58°. Bei **Pferden** beträgt der Zehenwandwinkel zwischen 53° und 58°, im Mittel 55°.

Bei **Esel** und **Maultier** ist, im Vergleich zum **Pferd**, häufig eine extrem stumpfe Hufform mit einer Überbeugung, *Hyperflexion*, im Hufgelenk, verbunden mit nach vorne gebrochener Zehenachse, **Bockhuf** (Abb. 6-1A bis 6-1D), anzutreffen. Hierbei handelt es sich nicht um eine physiologische Eigenschaft, sondern es ist entweder eine angeborene oder eine erworbene Fehlstellung.

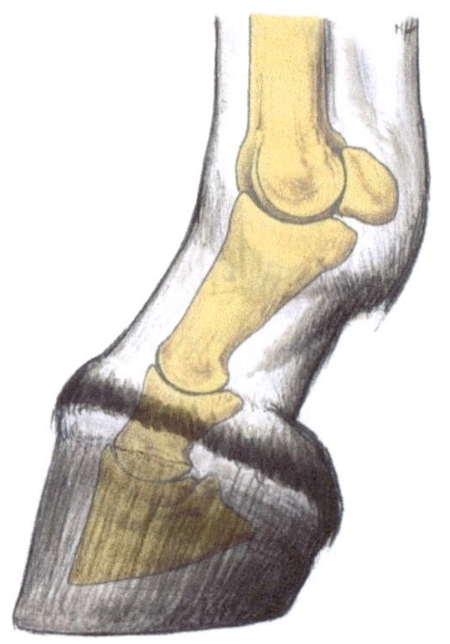

Abb. 6-1A Nach vorne gebrochene Zehenachse, typisch für Bockhuf.

Zeichnung: Matthias Haab, Zürich

Abb. 6-1B Eselhuf mit leichter Bockhufbildung.

Aufnahme: Prof. Dr. Anton Fürst, Direktor der Klinik für Pferdemedizin der Universität Zürich

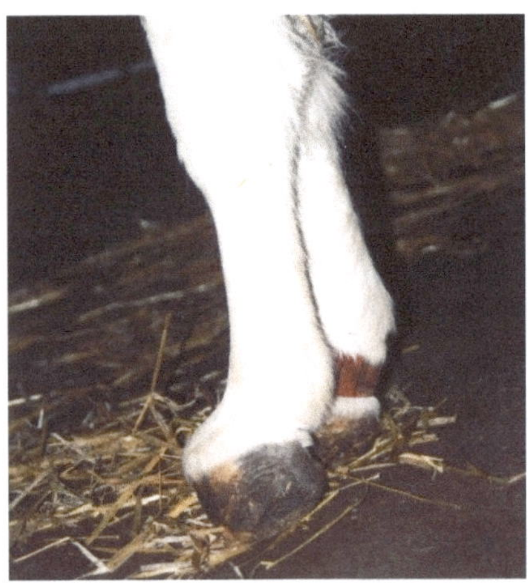

Abb. 6-1C Mittelgradiger Bockhuf eines weißen **Esels**.

Besitzer: The Donkey Sanctuary, Sidmouth, Devon, UK
Aufnahme: Veterinarian Alex Thiemann, The Donkey Sanctuary, UK

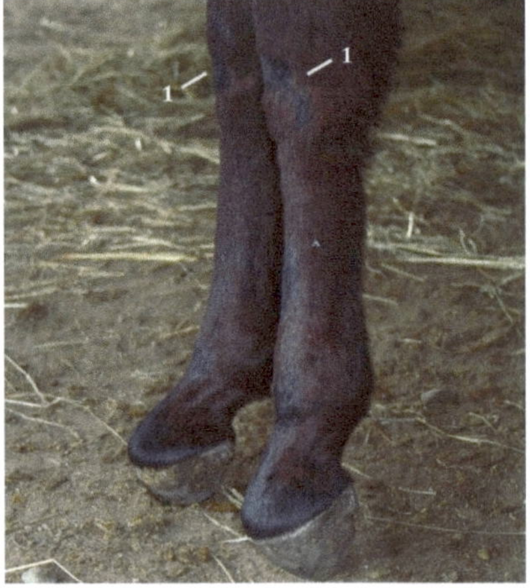

Abb. 6-1D Extremer beidseitiger Bockhuf eines **Esels**. Beachte die abgeschabten Haare im Karpalbereich (1) durch Laufen auf diesem Bereich, vom Züchter oft als Vorderknie bezeichnet.

Besitzer: Eselpark Nessendorf, 24327 Blekendorf
Aufnahme: Prof. Dr. Florian Geburek, Klinik für Pferde, Stiftung Tierärztliche Hochschule Hannover

Beim **Esel** beträgt das Längenverhältnis von Zehenwand zu Trachtenwand sowohl am Vorder- als auch am Hinterhuf 2:1, beim **Maultier** liegt dieser Wert am Vorderhuf bei nur 1,7:1 und am Hinterhuf bei 1,9:1 und ist damit bei beiden Tierarten deutlich kleiner als beim **Pferd**, bei dem das Verhältnis von Zehenwand zur Trachtenwand am Vorderhuf 3:1 und am Hinterhuf 4:2 beträgt. Das beweist, dass die Zehenwand bei **Esel** und **Maultier** stärker belastet wird als beim **Pferd** (siehe auch Kap. 6.2.2.3).

Bei sehr vielen **Maultieren** ist ein beidseitiger, angeborener Trachtenzwanghuf typisch. Tiere mit dieser veränderten Hufform zeigen, im Gegensatz zum **Pferd**, selten eine Funktionseinschränkung oder Lahmheit.

6.2 Schultergliedmaßen, *Membra thoracica*

6.2.1 Haut und subkutanes Gewebe, *Integumentum commune et Subcutis*

Das sich beim **Esel** im Halsbereich über dem Nackenband bildende Fett- und Bindegewebepolster dehnt sich oft auch auf den Schulterblatt- und Humerusbereich aus und ist von einer bemerkenswert dicken Haut bedeckt (Abb. 4-1).

6.2.2 Hautbildungen

6.2.2.1 Kastanie, *Torus carpeus*

Beim **Esel** ist nur an den Schultergliedmaßen auf der **Innenseite**, 8–12 cm unterhalb, distal des Radiuskopfes, jederseits eine flache, runde, meistens schwarz pigmentierte Kastanie ausgebildet.

Beim **Muli** sind ebenfalls nur an den Schultergliedmaßen flache, runde Kastanien ausgebildet, die bei weißen Tieren weiß bis rosa sind (Abb. 6-1E).

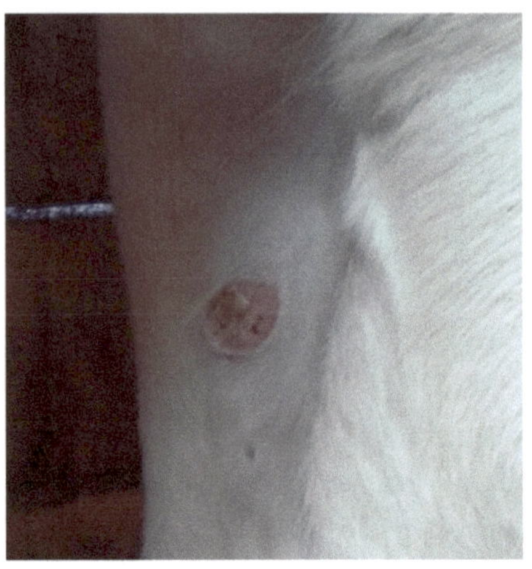

Abb. 6-1E Rosa farbige Kastanie eines **weißen Mulis** an der linken Schultergliedmaße.

Aufnahme: Miriam Meier-Schellersheim, N.Y., USA

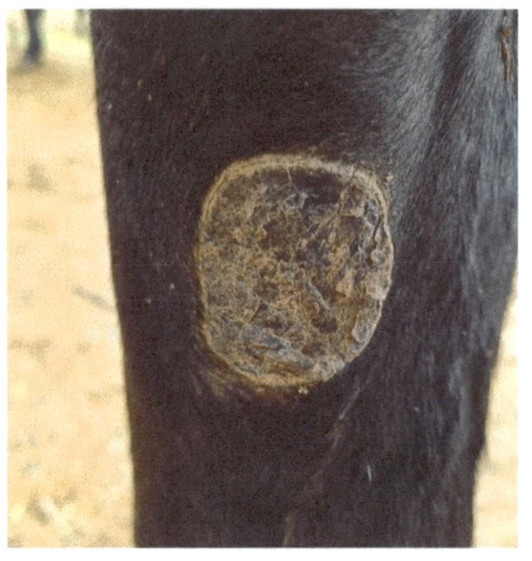

Abb. 6-1F Dunkle Kastanie eines **schwarzen Isländermulis** an der linken Schultergliedmaße.

Besitzerin und Aufnahme: Julia Krüger, Wanderreitbetrieb, Am Silbergraben 1; 34537 Bad Wildungen-Wega

6.2.2.2 Sporn, *Calcar*

Beim **Esel** und beim **Zebra** sind die Sporne nur stark pigmentierte Hautplatten, beim **Maultier** werden sie über 20 mm lang. Die Sporne liegen axial auf der Beugeseite des Fesselgelenks in den Haaren des Kötenschopfs. Beim **Pferd** können sie bis zu 35 mm lang werden, beim **Kaltblüter** sogar bis 5 cm (Abb. 6-1G).

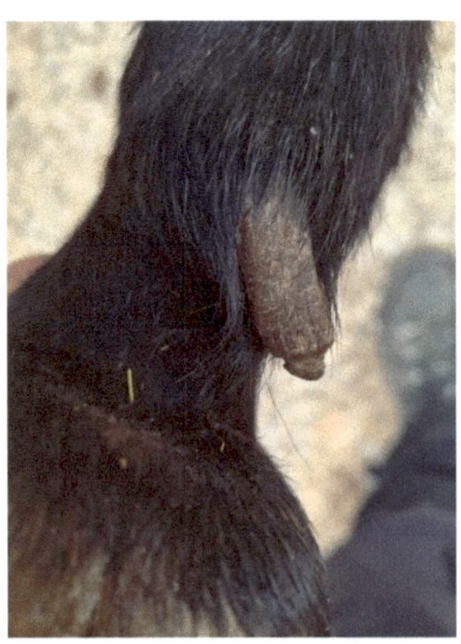

Abb. 6-1G Langer Sporn eines **Isländermulis** an der linken Schultergliedmaße.

Besitzerin und Aufnahme: Julia Krüger, Wanderreitbetrieb, Am Silbergraben 1; 34537 Bad Wildungen-Wega

6.2.2.3 Huf

Beim **Esel** bleibt die mächtige Wanddicke von der Zehenspitze bis zu den Trachten erhalten. Die Sohle ist nahe der weißen Linie 1.3 cm stark und somit dicker als beim **Pferd**, bei dem eine Dicke von 0.7 bis 1.0 cm angegeben wird. Das Horn der Sohle ist beim **Esel** weniger fest als das der Hufwand. Beim **Maultier** ist eine dünnere Trachtenwand auffällig.

Der kräftige Strahl des Eselhufes ist besonders für die Stoßbrechung von Bedeutung (Abb. 6-1H; 6-1I).

Auffallend ist beim **Maultier** ein schmaler Strahl mit engen, tiefen Strahlfurchen (Abb. 6-2B). Da der Eckstrebenrand beim **Maultier** nicht so weit ausgezogen ist wie beim **Pferd**, können hintere Abschnitte des Strahls über die Trachten vorfallen. Von unten betrachtet ist der Tragrand des **Eselhufes** U-förmig (Abb. 6-1H; 6-1I), während er beim **Pferd** rundlicher (Abb. 6-2A) und beim **Maultier** länglicher ist (Abb. 6-2B).

Abb. 6-1H Rechter Vorderhuf von einem in Deutschland gehaltenen **Esel** mit kräftigem Strahl und U-förmigem Tragrand.

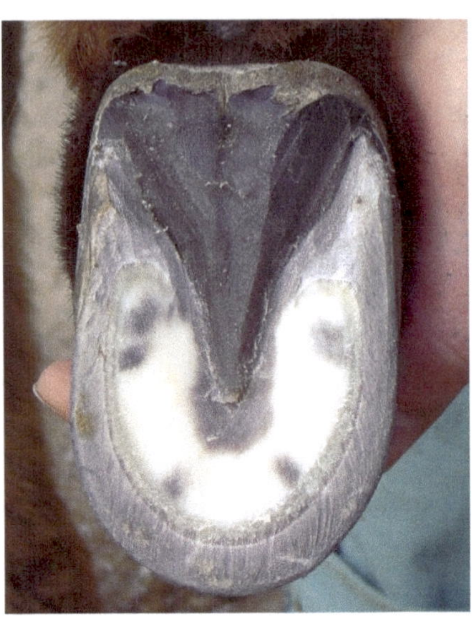

Abb. 6-1I Huf der Abb. 6-1F frisch ausgeschnitten.

Beide Aufnahmen mit freundlicher Genehmigung übernommen aus: T. Friedrich, Esel- und Mulihufe, BOD, 2005

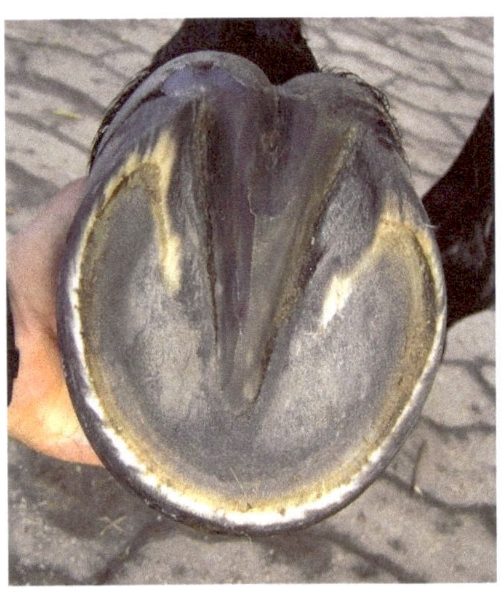

Abb. 6-2A Pferd, linker Vorderhuf, frisch ausgeschnitten, rundlicher Tragrand.

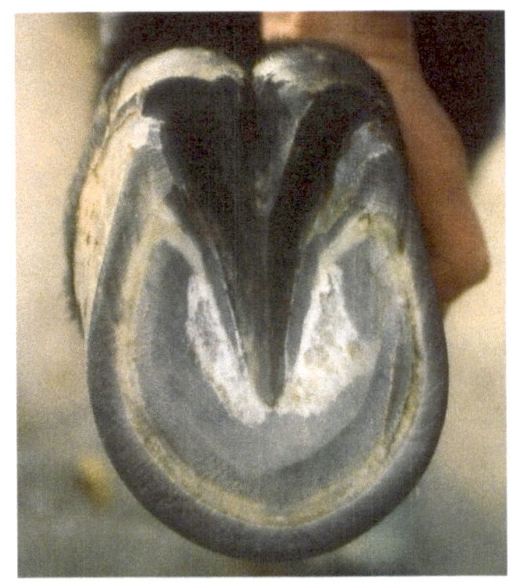

Abb. 6-2B Maultier, linker Vorderhuf, frisch ausgeschnitten, länglicher Tragrand.

Beide Aufnahmen mit freundlicher Genehmigung übernommen aus: T. Friedrich, Esel- und Mulihufe, BOD, 2005

Beim **Esel** sind 350 Hornblättchen nachgewiesen worden, die im Allgemeinen größer als die etwa 600 Hornblättchen vom **Pferd** sind, weniger dicht liegen und nicht in definierten Zonen angeordnet sind.

Härte und Elastizität sind typisch für das Hufhorn von **Esel** und **Maultier**. Auch der Feuchtigkeitsgehalt ist im Vergleich zum **Pferd** deutlich höher.

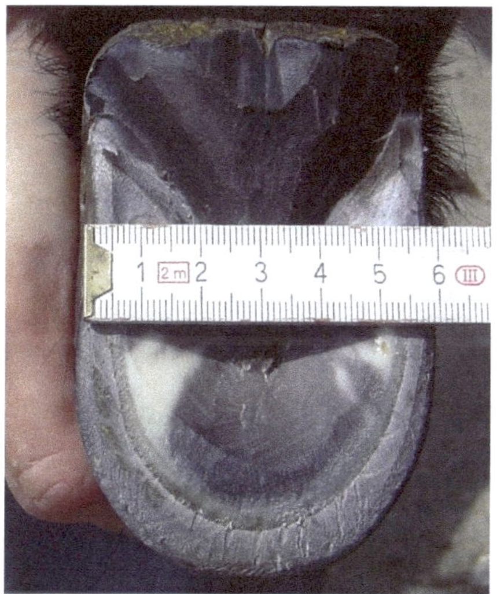

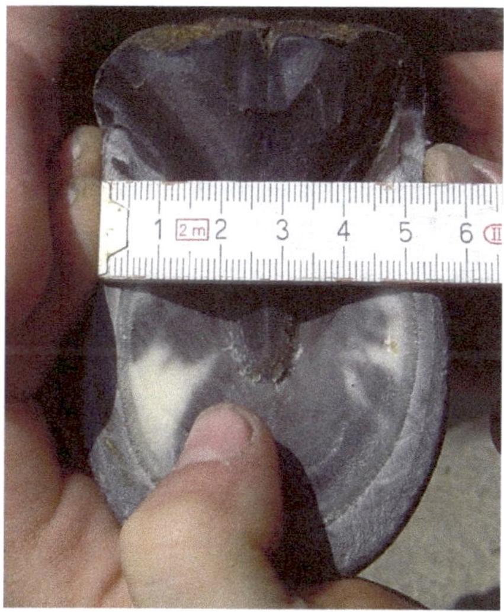

Abb. 6-3A und Abb. 6-3B Der Huf vom **Esel** lässt sich auf Grund seiner Elastizität mit 3 Fingern um 4 mm eindrücken.

Beide Aufnahmen mit freundlicher Genehmigung übernommen aus: T. Friedrich, Esel- und Mulihufe, BOD, 2005

Viele **Esel** reagieren weniger sensibel bei Untersuchungen mit der Hufzange als **Pferde.** Dies gilt vor allem für Eselrassen, die über ein sehr dickes Hufhorn verfügen. Eine radiologische Abklärung kann weiteren Aufschluss über die Pathologien des Hufbeins erbringen und so die Arbeiten für den Hufschmied unterstützen. Sehr selten ist ein Beschlag mit einem Keil, der den Strahl unterstützen sollte, indiziert. Bevor ein Hufrehebeschlag durchgeführt wird, ist eine radiologische Abklärung absolut erforderlich.

Beim **Esel** beträgt die Huferneuerungszeit bei einer monatlichen Wachstumsrate von 0,7 cm, etwa 10 Monate. Bei Haltung auf nicht zu weichem Untergrund sind Wachstum und Abnutzung etwa gleich. Dadurch ergibt sich ein Pflegeintervall von 8–12 Wochen.

Bei **Warmblutpferden** und **Kaltblütern** liegt die Huferneuerungszeit zwischen 8 und 12 Monaten, während sie bei Islandpferden 12–16 Monate beträgt. Zu **Mulis** finden sich in der zugängigen Literatur keine Angaben.

6.2.3 Knochen der Schultergliedmaße, *Ossa membri thoracici*

6.2.3.1 Unterarmknochen

Während die Befunde am **Radius** beim Esel denen vom Pferd gleichen, reicht beim **Esel** das nadelförmige, distale **Endstücke der Ulna** maximal bis in Höhe des unteren, distalen Endes des Radiusschaftes. Selten ist nur die distale Ulnaepiphyse hinten-außen, kaudolateral, am Radius als freistehendes Knochenstück röntgenologisch nachweisbar. Sie ist dann bandartig mit dem oberen, proximalen, Anteil verbunden.
Beim **Pferd** ist das distale Endstück ein Teil des unteren Endes des Radius.

6.2.3.2 Vorderfußwurzelknochen, Karpalskelett

Die Artikulationsflächen der oberen, proximalen Reihe sind beim **Esel** auffallend flach.

Im Bereich des Karpalgelenks ist beim **Esel** röntgenologisch kein Os carpale I nachgewiesen worden, ebenso wie in der zugängigen Literatur beim **Esel** kein Os carpale V beschrieben wird, während beim **Pferd** beide Knochen gelegentlich röntgenologisch darstellbar sind (Abb. 6-3C). Angaben zu den beiden Karpalknochen beim **Muli** waren in der zugängigen Literatur nicht zu finden.

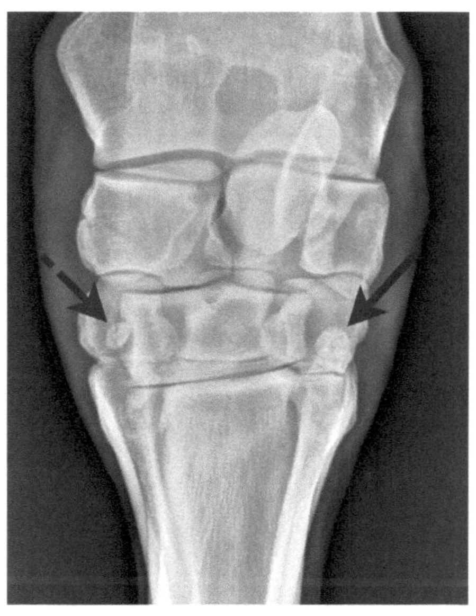

Abb. 6-3C Röntgenologische Darstellung des Os carpale I (gestrichelter Pfeil) und des Os carpale V (durchgehender Pfeil) beim **Pferd** an einer rechten Gliedmaße, dorsopalmare Projektion.

Aufnahme: Prof. Dr. Anton Fürst, Direktor der Klinik für Pferdemedizin der Universität Zürich

6.2.3.3 Griffelbeine, Metakarpalskelett Mc II und Mc IV

Die Mc II und Mc IV (Griffelbeine) sind beim **Esel** relativ länger als beim **Pferd** (Abb. 6-4/a, b). Das verdickte untere, distale Ende von Mc II bzw. von Mc IV stellt das untere Gelenkende, Epiphyse, dieser Knochen dar.

Beim **Afrikanischen Esel** sind die Griffelbeine ungleich lang. Das laterale Griffelbein ist im Bereich seiner distalen Epiphyse deutlich schwächer (Abb. 6-4/b).

Beim frisch geborenen **Esel** sind die Epiphysenfugen zwischen den Mittelstücken, Diaphysen, und den distalen Epiphysen der Metakarpalknochen Mc II und Mc IV noch vorhanden, da die Verknöcherung der Epiphyse noch nicht abgeschlossen ist (Abb. 6-4/a, b). Dieser Befund ist für röntgenologische Untersuchungen von Bedeutung. Erst mit 15 bis 18 Monaten ist dieser Prozess sicher beendet (Abb. 6-5/a, b).

Beim **Pferd** sind die distalen Epiphysen zur Zeit der Geburt noch knorpelig oder schon teilweise verknöchert. Bis zum 9. Lebensmonat ist hier die Verknöcherung abgeschlossen.

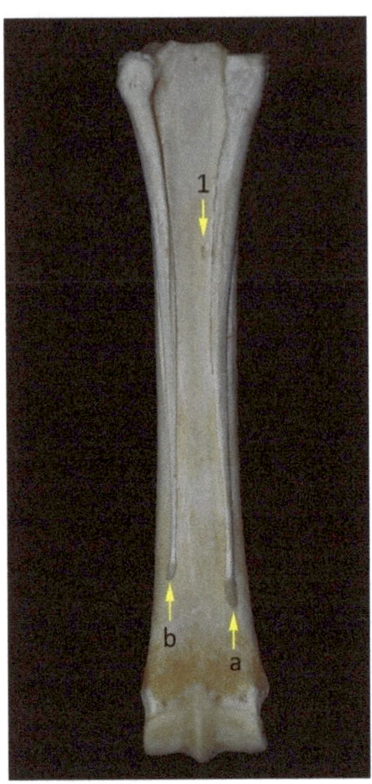

Abb. 6-4 Präparat des linken Metakarpalskeletts eines 8 Monate alten **Afrikanischen Esels**, Palmaransicht. Deutlich sind die noch nicht verknöcherten distalen Epiphysen von Mc II (a) und Mc IV (b) zu erkennen.
1 For. nutricium

Präparation und Aufnahme:
Prof. Hassen Jerbi, Tunesien

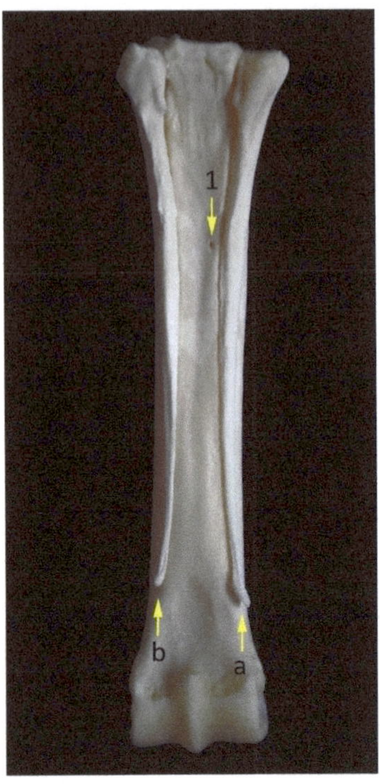

Abb. 6-5 Präparat des linken Metakarpalskeletts eines ca. 15 Monate alten **Afrikanischen Esels**, Palmaransicht. Die distalen Epiphysen (a, b) sind mit der Diaphyse verwachsen. Das Os metakarpale IV ist deutlich kürzer als das Os metakarpale II und seine distale Epiphyse ist ebenfalls deutlich kleiner als die des Os metakarpale II.
1 For. nutricium

Präparation und Aufnahme:
Prof. Hassen Jerbi, Tunesien

6.2.3.4 Fesselbein, *Phalanx proximalis*

Das Fesselbein ist beim **Esel** schmaler als beim **Pferd** und erscheint dadurch länger.

6.2.3.5 Hufbein, *Phalanx distalis*

Beim **Esel** liegt das Hufbein weiter distal in der Hufkapsel, das heißt der Abstand zwischen Kronsaum und Proc. extensorius, die sog. „founder distance", ist mit 10 mm größer als beim **Pferd**. Dies ist bei der Interpretation von Röntgenbildern zu berücksichtigen.

6.2.3.6 Hufrolle, *Podotrochlea*

In der zugängigen Literatur wird beim **Esel** nur von einem Fall des röntgenologischen Nachweises der Kommunikation des Hufrollenschleimbeutels mit dem Hufgelenk berichtet.

6.2.4 Sesambeinbänder, *Ligg. sesamoidea*

Das gerade und die beiden schiefen Sesambeinbänder sind beim **Esel** an der Schultergliedmaße länger und kräftiger als an der Beckengliedmaße.

6.2.5 Schleimbeutel und Sehnenscheiden, *Bursae synoviales et Vaginae tendineae*

Ein Schleimbeutel befindet sich zwischen der Sehnenscheide des M. abductor digiti I pollicis longus (alt: M. extensor carpi obliquus) und dem medialen Seitenband des Karpalgelenks, kurz vor Ansatz des Muskels am Mc II. Eine Kommunikation beider synovialer Strukturen, wie sie beim älteren **Pferd** nachgewiesen wurde, fehlt beim **Esel**.

Die Sehne des M. extensor carpi radialis ist bei **Esel** und **Pferd** im Bereich des Karpalgelenks von einer Sehnenscheide umgeben. Der sich distal anschließende Schleimbeutel kommuniziert beim **Esel** nicht mit dem Karpalgelenk, der Art. carpometacarpea, wie es gelegentlich beim **Pferd** beobachtet wurde.

6.2.6 Schultergelenk, *Articulatio humeri*

Die Gelenkkapsel und die Gelenkstrukturen wurden beim **Esel** mit Hilfe der Doppelkontrast Arthrographie in Ägypten dargestellt.

6.2.7 Muskulatur

6.2.7.1 Mittlerer Zwischenknochenmuskel, *M. interosseus medius*

In Literatur aus Afrika wird der M. interosseus medius beim **Esel** auch als proximales Sesambeinband bezeichnet. Der M. interosseus medius enthält beim **Esel** vereinzelte Muskelfasern. Beim **Pferd** finden sich vor allem im unpaaren Anteil des M. interosseus medius muskuläre Anteile.

Die beiden Unterstützungssehnen des M. interosseus medius an die gemeinsame Strecksehne verlassen den M. interosseus medius beim **Esel** im distalen Viertel des Mittelfußes, Metakarpus, und münden in Höhe der Mitte des Fesselbeins in die gemeinsame Strecksehne.
Beim **Pferd** trennen sich die beiden Unterstützungsschenkel des M. interosseus medius im distalen Drittel des Mittelfußes vom M. interosseus medius.

6.2.8 Arterien

Der beim **Pferd** beschriebene R. palmaris phalangis mediae als Verbindungsast der A. digitalis palmaris medialis mit der A. digitalis palmaris lateralis, proximal des Strahlbeins, konnte beim **Esel** radiologisch nicht nachgewiesen werden.

6.2.9 Nerven

Siehe weiterführende Literatur

6.3 Beckengliedmaßen, *Membra pelvina*

6.3.1 Haut und subkutanes Gewebe, *Integumentum commune et Subcutis*

Das sich beim **Esel** bei zu guter Ernährung im Rückenbereich unter der Haut entwickelnde Fett- und Bindegewebepolster setzt sich oft bis auf die Kruppe fort (Abb. 4-1). Die Haut über dem Fettpolster ist auffallend dick.

6.3.2 Hautbildungen

6.3.2.1 Kastanie, *Torus tarseus*

Kastanien fehlen beim **Esel** an den Beckengliedmaßen, beim **Muli** sind sie, ähnlich wie beim Pferd, erhaben. Sie liegen an der Innenseite der Beckengliedmaßen distal des Tarsus (Abb. 6-5A). Beim **Pferd** sind die Kastanien als deutliche Hornbildungen medial, distal des Tarsus zu finden.

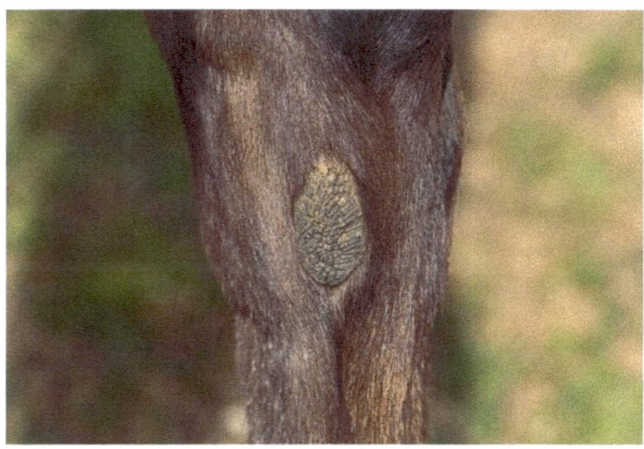

Abb. 6-5A Kastanie an der Innenfläche der rechten Hintergliedmaße einer **Maultierstute**, gezogen aus einer Quater-Horse Stute.

Besitzerin: Wanderreitbetrieb Julia Krüger, Am Silbergraben 1, 34537 Bad Wildungen-Wega
Aufnahme: Julia Krüger, Mulia-Fotografie.de

6.3.2.2 Sporn, *Calcar*

Beim **Esel** und beim **Zebra** sind die Sporne, die im Kötenschopf liegen, nur stark pigmentierte Hautplatten, beim **Maultier** werden sie über 20 mm lang, während sie beim **Pferd** 5–32 mm lang sein können.

6.3.2.3 Huf (siehe auch Kap. 6.2.2.3)

Die Sohle des Hufs besitzt beim **Esel** und beim **Muli** eine deutliche Wölbung. Der kräftige Strahl des Eselhufes ist besonders für die Stoßbrechung von Bedeutung.

6.3.3 Knochen der Beckengliedmaße, *Ossa membri pelvini*

6.3.3.1 Oberschenkelknochen, *Os femoris*

Die Kämme der Kniescheibenrolle, Trochlea ossis femoris, konvergieren beim **Esel** nicht in distaler Richtung, wie es beim **Pferd** der Fall ist. Dies ist bei der Beurteilung von Röntgenbildern zu beachten.

6.3.3.2 Griffelbeine, Metatarsalskelett, Mt II, Mt IV und Mt III, Hintermittelfußknochen III

Das verdickte distale Ende von Mt II bzw. von Mt IV stellt die untere, distale Epiphyse dieser Knochen dar (Abb. 6-6/a, b). Beim frisch geborenen **Esel** sind die Epiphysenfugen zwischen den Mittelstücken, Diaphysen, und den unteren, distalen Epiphysen noch vorhanden und die Verknöcherung der Epiphyse ist noch nicht abgeschlossen. Die distale Epiphyse des Mt II ist immer kräftiger als die des Mt IV (Abb. 6-6/a, b). Dieser Befund ist für röntgenologische Untersuchungen von Bedeutung. Erst mit 15 bis 18 Monaten ist dieser Prozess sicher beendet (Abb. 6-7/a, b).

Beim **Pferd** sind die distalen Epiphysen zur Zeit der Geburt noch knorpelig oder schon teilweise verknöchert. Bis zum 9. Lebensmonat ist die Verknöcherung abgeschlossen.

Die Mittelfußbeule, **Tuberositas ossis metatarsalis III**, ist beim **Esel** kräftiger entwickelt als beim **Pferd**.

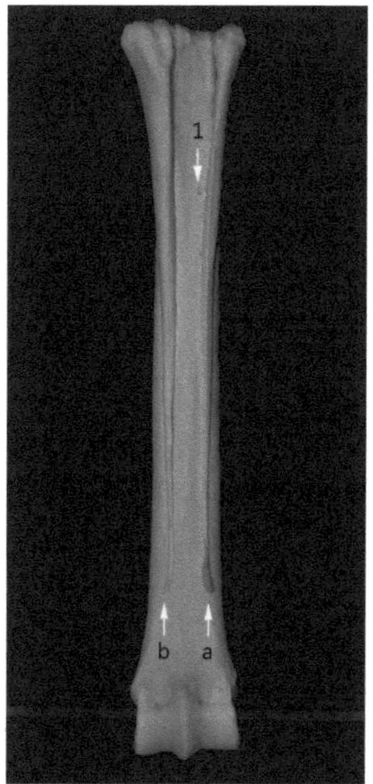

Abb. 6-6 Präparat eines linken Metatarsalskeletts eines 8 Monate alten **Afrikanischen Esels**, Plantaransicht. Deutlich sind die noch nicht verknöcherten distalen Epiphysen von Mt II (a) und Mt IV (b) zu erkennen.
1 For. nutricium

Präparation und Aufnahme:
Prof. Hassen Jerbi, Tunesien

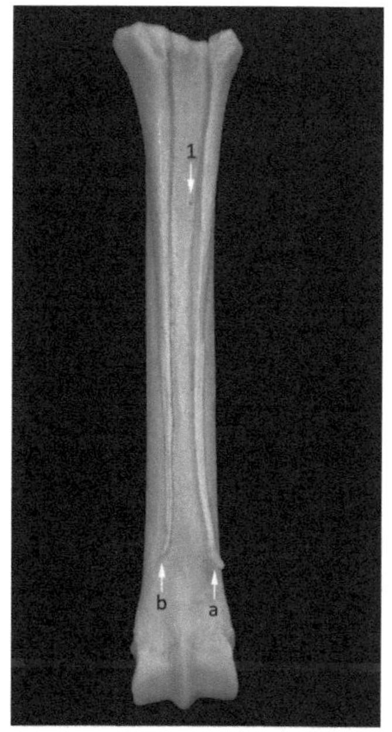

Abb. 6-7 Präparat eines linken Metatarsalskeletts eines 2,5 Jahre alten **Afrikanischen Esels**, Plantaransicht. Die distalen Epiphysen (a, b) von Mt II und Mt IV sind mit den Diaphysen verwachsen. Das Os metatarsale IV ist kürzer als das Os metatarsale II und seine distale Epiphyse (b) ist ebenfalls deutlich kleiner als die des Os metatarsale II.
1 For. nutricium

Präparation und Aufnahme:
Prof. Hassen Jerbi, Tunesien

6.3.4 Sesambeinbänder, *Ligg. sesamoidea*

Das gerade und die beiden schiefen Sesambeinbänder sind beim **Esel** im Gegensatz zum **Pferd** an der Beckengliedmaße schwächer als an der Schultergliedmaße.

6.3.5 Schleimbeutel und Sehnenscheiden, *Bursae synoviales et Vaginae tendineae*

Über dem Sitzbeinhöcker bestehen beim **Esel** zwei subkutan gelegene Schleimbeutel. Der obere ist kleiner als der untere Schleimbeutel. Beide kommunizieren miteinander. Beim **Pferd** ist nur ein Schleimbeutel ausgebildet.

Beim **Afrikanischen Esel** besitzt die gemeinsame digitale Sehnenscheide ein Fassungsvermögen von 25 ml. Eine Kommunikation mit dem Hufgelenk oder dem Hufrollenschleimbeutel wurde bei 20 untersuchten Eseln nicht gefunden.

6.3.6 Gelenke

6.3.6.1 Sprunggelenk, *Articulatio tarsi*

Im Tarsalgelenk besteht beim **Esel** eine Verbindung zwischen dem Tarsokruralgelenk und dem oberen Hinterfußwurzel-Mittelgelenk. Diese Verbindung wird für das **Pferd** nicht beschrieben.

6.3.6.2 Kniegelenk, *Articulatio genus*

Auf Grund der steileren Stellung der Beckengliedmasse beim **Esel** und deren relativ kleineren Muskelmasse als beim **Pferd**, kommt es beim Esel häufiger zu einer proximalen Patellafixation.

6.3.7 Muskulatur

Mittlerer Zwischenknochenmuskel, *M. interosseus medius*

Der M. interosseus medius, der in der Literatur aus Afrika für den **Esel** oft als proximales Sesambeinband, Lig. sesamoideum proximale, bezeichnet wird, entspringt beim **Esel** von der distalen Reihe der Tarsalknochen, während er beim **Pferd** auch noch am Os metatarsale III Urpsrung nimmt. Er enthält vereinzelte Muskelbündel, an der Beckengliedmaße mehr als an der Schultergliedmaße.
Die beiden Unterstützungssehnen des M. interosseus medius an die gemeinsame Strecksehne verlassen beim **Esel** den M. interosseus medius in Höhe des distalen Fünftel des Metatarsalskeletts und münden in Höhe des mittleren Drittels des Fesselbeins in die lange Strecksehne. Beim **Pferd** trennen sich die beiden Unterstützungssehnen des M. interosseus medius im distalen Drittel des Mittelfußes vom M. interosseus medius.

Kapitel 7
Gangarten

7.1 Esel

Esel zeigen die drei Grundgangarten, sowie reinen Pass und alle Übergangsformen dieser Gangarten.
Beachte: In Marokko werden **Esel** mit Gewichtsgamaschen zum Tölt ausgebildet.

7.2 Maultiere und Maulesel (siehe auch Einleitung)

Maultiere (Eselhengst × Pferdestute) zeigen unterschiedliche Gänge. Während in Deutschland, Österreich und der Schweiz sowohl töltende als auch trabende Mulis gezüchtet und im Freizeitreiten eingesetzt werden, wird in Südamerika großer Wert auf weiche Gänge gelegt, da Mulis häufig zu Arbeit genutzt werden. In Brasilien gibt es die sehr weit verbreiteten Pferderassen Mangalarga und Campolina, die beide für ihre weichen Gangarten Marcha batida bzw. Marcha picada bekannt sind. Stuten dieser Rassen werden deshalb hauptsächlich zur Zucht von Maultieren eingesetzt. Als Hengste werden bevorzugt Pêga breed Tiere bevorzugt.
Maulesel (Pferdehengst × Eselstute) die deutlich kleiner als Maultiere sind, werden hauptsächlich in Südeuropa und Nordafrika als Arbeitsesel genutzt.
Beachte: Es ist erstaunlich, dass in der **Maultier- und Mauleselzucht** bei Verwendung nicht töltender Elterntiere häufig Nachkommen mit hoher Gangveranlagung geboren werden.

7.3 Marcha picada (Abb. 7-1 bis 7-8)

Die acht Fußungsphasen der Marcha picada entsprechen denen des Schritts mit der Ausnahme, dass statt der beiden vorderen Dreibeinfußungen (beide Vordergliedmaßen und immer die seitengleiche Hintergliedmaße der belasteten Vordergliedmaße sind am Boden) immer nur diese Hintergliedmaße allein (Einbeinstütze Abb. 7-3 und Abb. 7-7) Bodenberührung hat. Es gibt keine Schwebephase mit anschließender diagonaler Zweibeinstütze, die den Reiter wirft, sondern eine laterale Zweibeinstütze.

Abb. 7-1 bis 7-8: Elite Mulistute „Anula", eine Kreuzung einer Mangalarga Marchador Stute mit dem Eselhengst „Acervo da Estiva" in der Marcha picada.

Abb. 7-1 Dreibeinfußung: beide rechts und hinten links

Abb. 7-2 vorne rechts und hinten links

Abb. 7-5 Dreibeinfußung: beide links und hinten rechts

Abb. 7-6 vorne links und hinten rechts

Ausschnitte aus einem Video des Gestüts: Cavalos Helio Rocha, Brasilien: https://youtu.be/uT5JBytb9HM.

Abb. 7-3 Einbeinstütze hinten links, **typisch für Picada**

Abb. 7-4 vorne und hinten links

Abb. 7-7 Einbeinstütze hinten rechts, **typisch für Picada**

Abb. 7-8 vorne und hinten rechts

7.4 Marcha batida

Die ebenfalls sehr weiche Gangart Marcha batida unterscheidet sich von der Marcha picada, dadurch, dass bei Abb. 7-3 und Abb. 7-7 keine Einbeinfußung wie bei der Marcha picada auftritt, sondern eine Dreibeinfußung: vorne beide und hinten immer die seitengleiche Hintergliedmaße der belasteten Vordergliedmaße am Boden ist. Auch hier gibt es keine Schwebephase mit anschließender diagonaler Zweibeinstütze, die den Reiter wirft.

7.5 Lahmheitsdiagnostik bei Eseln und Mulis

Die besonderen Gangarten Marcha picada und Marcha batida machen es oft schwierig, Lahmheitssymptome exakt zu erkennen. Auch Beugeproben ergeben durch die Vermischung der Gangarten kein eindeutiges Ergebnis. Wesentlich besser für die Diagnostik sind Longieren auf weichem und harten Boden oder einfach das Freilaufenlassen, weil sich die Tiere hierbei in der Regel im selben Gang bewegen. Auch das Vorreiten durch einen guten Reiter, der genügend Zügelfreiheit gibt um nicht selbst Ursache von Taktproblemen und Verlust an Schwung zu sein, hilft bei der Diagnostik von Lahmheiten.

Kapitel 8
Organe der Brusthöhle

8.1 Luftröhre, *Trachea*

Im Brusteingangsbereich können die Knorpelspangen der Luftröhre beim alten **Esel** abflachen und verkalken. Solche Verkalkungen der Knorpelspangen wurden bei einem alten Esel auf einer Länge von 20 cm im Bereich des Brusteingangs festgestellt.

8.2 Lungen, *Pulmones*

Die arterielles Blut führenden Lungenvenen münden beim **Esel** über 3 Öffnungen in den linken Vorhof, links kranial, rechts kranial und kaudal, während beim **Pferd** zwischen 5 umd 8 Öffnungen beschrieben werden.

Die segmentalen Venenäste verlaufen beim **Esel** gemeinsam mit den Arterien und Bronchien in allen Lappen (bronchovaskulärer Typ) mit Ausnahme des rechten und des linken kaudalen Lappens, in denen die Venen intersegmental liegen.

8.3 Herz, *Cor*

Anastomosen, wie sie beim **Pferd** beschrieben werden, zwischen dem R. circumflexus sinister und dem in der zugängigen Literatur als R. circumflexus dexter bezeichneten R. coronarius sinister wurden beim **Esel** nicht gefunden.

8.4 Lymphknoten, *Lymphonodi*

Die Zwischenrippenlymphknoten, **Nll. intercostales**, sind beim **Esel** vom 5. bis zum 15. Interkostalraum nachgewiesen worden, beim **Pferd** sind die Lymphknoten vom 3. bis 16. Interkostalraum nachweisbar, wobei sie im 16. Interkostalraum sehr oft, im 17. Interkostalraum immer, fehlen.

Die an der Brustaorta gelegenen **Nll. thoracici aortici** wurden beim **Esel** beiderseits regelmäßig vom 5. bis zum 16. Zwischenrippenraum oben, dorsal, an der Aorta gefunden, während sie beim **Pferd,** rechterseits zwischen dem 7. bis 15. Brustwirbel oder dem 9. bis 14. Brustwirbel nicht vorhanden waren.

Ein hinterer Brustbeinlymphknoten, **Nl. sternalis caudalis**, ist beim **Esel**, im Gegensatz zum **Pferd**, nahe dem Zwerchfellansatz regelmäßig ausgebildet.

Ein Zwerchfelllymphknoten, **Nl. phrenicus**, konnte beim **Esel**, im Gegensatz zum **Pferd,** nicht nachgewiesen werden.

Kapitel 9
Organe der Bauch- und Beckenhöhle ohne Geschlechtsorgane (siehe diese Kapitel 10 und Kapitel 11)

Beim **Esel** scheint der Bauch eher hängend zu sein, was auf eine ballaststoffreiche Ernährung, fehlenden Muskeltonus und intraobdominales Fett zurückzuführen ist.

9.1 Magen, *Gaster*

Der Magen zeigt beim **Afrikanischen Esel** die gleiche Gliederung wie der beim **Pferd.** Das Fassungsvermögen beträgt beim Afrikanischen Esel 815 ml +/- 36.20 ml.

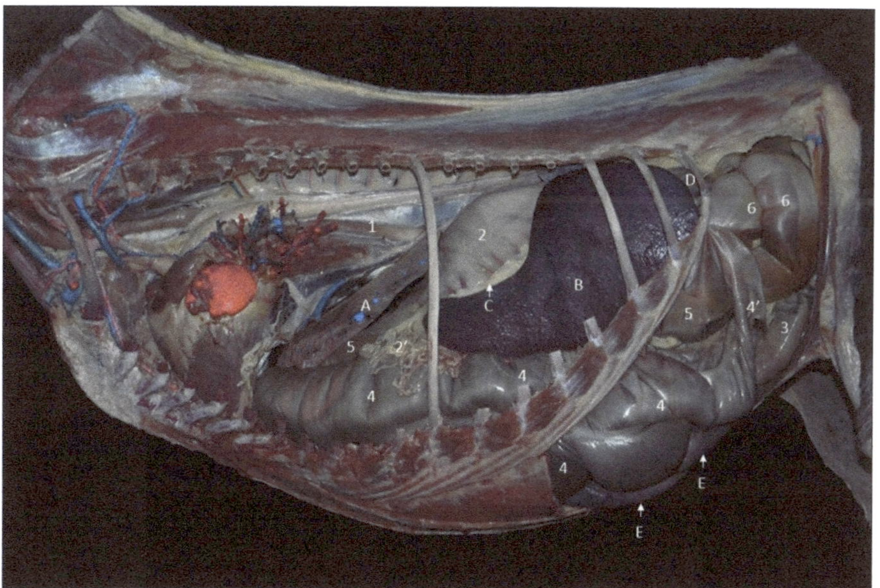

Abb. 9-1 Brust- und Bauchhöhle eines mit 10%igem Formalin fixierten **Afrikanischen Esels**, linke Seite eröffnet. 1., 12. und 17.–19. Rippe nicht entfernt, Zwerchfell zum größten Teil entnommen. Gefäße mit Neoprenlatex injiziert, Arterien rot, Venen blau.

1 Ösophagus; 2 Magen; 3 Jejunum; 4 Colon ventrale sinistrum, 4' Beckenflexur; 5 Colon dorsale sinistrum; 6 Colon descendens
A Leber, angeschnitten; B Milz; C Magen-Zwerchfellband; D linke Niere; E linkes Uterushorn, trächtig

Präparation und Aufnahme: Prof. Hassen Jerbi, Tunesien

Die Mageneingangsöffnung, Ostium cardiacum, besaß bei **männlichen Afrikanischen Eseln** einen Durchmesser von 4.42 mm +/- 0.57 mm und bei **Eselstuten** einen Durchmesser von 6 mm +/- 1.22 mm. Die Magenausgangsöffnung, Ostium pyloricum, dagegen hatte bei männlichen Eseln einen Durchmesser von 10.25 mm +/- 2.78 mm und bei Eselstuten betrug der Wert 7.14 mm +/- 0.96 mm.

Die starke Krümmung des Magens und die sich dadurch ergebende topographische Nähe von Ostium cardiacum und Ostium pyloricum an der kleinen Krümmung (Abb. 9-3/8, 9) erschwert eine endoskopische Untersuchung des ganzen Organs.

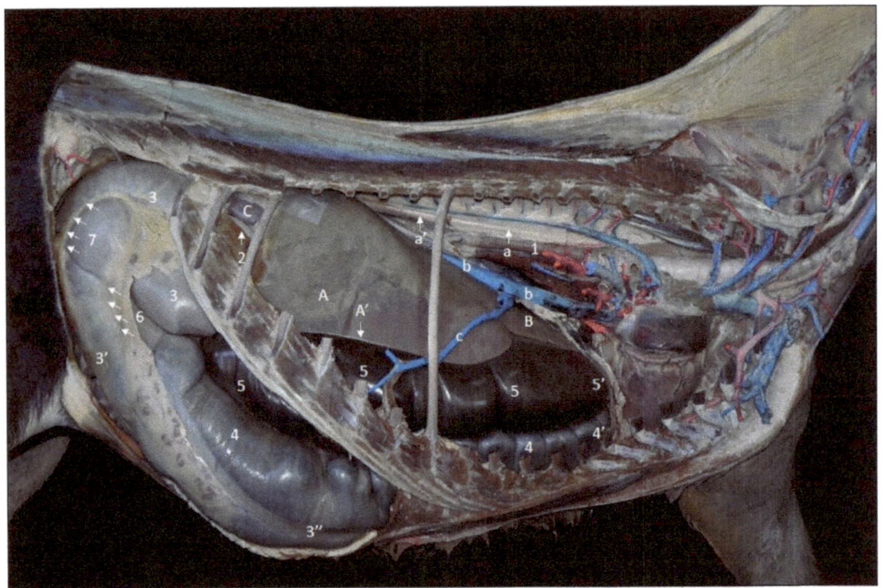

Abb. 9-2 Brust- und Bauchhöhle eines mit 10%igem Formalin fixierten **Afrikanischen Esels**, rechte Seite eröffnet. 12. und 17.–18. Rippe nicht entfernt, Zwerchfell zum größten Teil entnommen. Gefäße mit Neoprenlatex injiziert, Arterien rot, Venen blau.

1 Ösophagus; 2 Duodenum descendens; 3 Basis ceci, 3' Corpus ceci; 3'' Apex ceci; 4 Colon ventrale dextrum, 4' Brustbeinkrümmung; 5 Colon dorsale dextrum, 5' Zwerchfellkrümmung; 6 Plica cecocolica; 7 laterale Tänie des Zäkums
A Lobus hepatis dexter lateralis, A' sein scharfer Rand; B Lobus hepatis dexter medialis;
C rechte Niere;
a Aorta thoracica, a' Aorta abdominalis; b V. cava caudalis; c V. phrenica cranialis

Präparation und Aufnahme: Prof. Hassen Jerbi, Tunesien

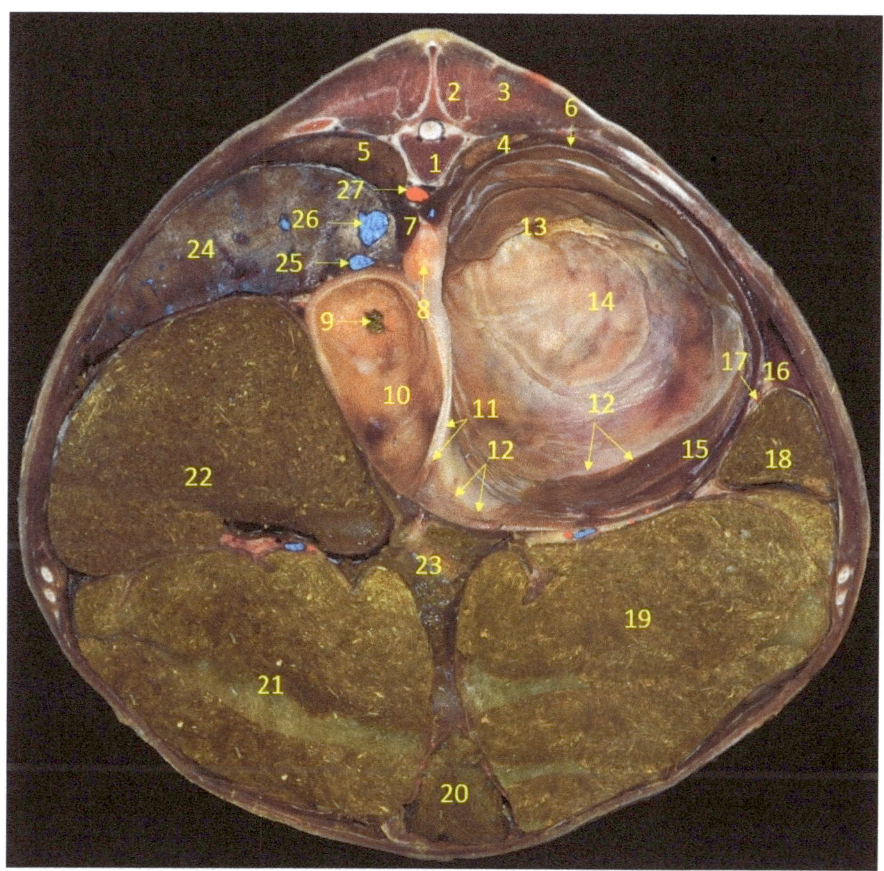

Abb. 9-3 Querschnitt durch den Rumpf eines **Afrikanischen Esels** in Höhe des 15. Brustwirbels, Magen entleert; Hintere Schnittfläche.

1 15. Brustwirbel; 2 M. multifidus; 3 M. longissimus; 4 linke Lunge; 5 rechte Lunge; 6 Zwerchfell, Pars costalis; 7 rechter Zwerchfellpfeiler; 8 Ostium cardiacum; 9 Ostium pyloricum; 10 Canalis pyloricus; 11 Curvatura minor des Magens; 12 Margo plicatus; 13 Saccus caecus ventriculi; 14 Corpus ventriculi; 15 Fundusdrüsenregion; 16 Milz; 17 Lig. gastrolienale; 18 Colon dorsale sinistrum; 19 Colon ventrale sinistrum; 20 Apex caeci; 21 Colon ventrale dextrum; 22 Colon dorsale dextrum; 23 Großes Netz; 24 rechter lateraler Leberlappen; 25 V. portae; 26 V. cava caudalis; 27 Aorta thoracica

Präparation und Aufnahme: Prof. Hassen Jerbi, Tunesien

9.2 Zwölffingerdarm, *Duodenum* (siehe auch Kap. 9.9 Pankreasausführungsgänge)

Das Duodenum hatte bei den 4 untersuchten weiblichen **Afrikanischen Eseln** eine Länge zwischen 41 und 46 cm und bei den 7 männlichen Tieren eine Länge zwischen 38 und 54 cm. Die Papillen der beiden Mündungsöffnungen der Pankreasausführungsgänge (Abb. 9-4/2, 3) liegen weniger als 1 cm auseinander und dicht an der Magenausgangsöffnung (Abb. 9-4/1).

9.3 Leerdarm, *Jejunum*

Die vorwiegend links gelegenen Jejunumanteile (Abb. 9-1/3) waren bei den 4 untersuchten weiblichen **Afrikanischen Eseln** zwischen 607 und 1020 cm lang, während ihre Länge bei den 7 männlichen Tieren zwischen 476 und 790 cm lag.

9.4 Hüftdarm, *Ileum*

Die Länge dieses Darmabschnitts betrug bei den 4 untersuchten weiblichen **Afrikanischen Eseln** zwischen 21 und 26 cm und bei den 7 männlichen Tieren zwischen 15 und 31 cm.

9.5 Blinddarm, *Caecum*

Das Caecum hatte bei den 4 weiblichen **Afrikanischen Eseln** eine durchschnittliche Länge von 68 cm (56–79,5 cm) und bei den 7 männlichen Tieren eine durchschnittliche Länge von 76 cm (54–94 cm).
Die Apex ceci ist beim **Esel** kürzer und runder als beim **Pferd**.

9.6 Grimmdarm, aufsteigender, *Colon ascendens*

Das Colon ascendens war bei den 4 weiblichen **Afrikanischen Eseln** bis zu 240 cm lang, bei den 7 männlichen Tieren bis zu 286 cm.

9.7 Grimmdarm, querverlaufender, bis Enddarm, *Colon transversum bis Rektum*

Dieser Darmabschnitt wird in der Literatur nicht aufgegliedert und hatte bei den 4 weiblichen **Afrikanischen Eseln** eine Länge zwischen 97 und 123 cm, bei den 7 männlichen Tieren lagen die Werte zwischen 86 und 128,5 cm.

Beim **Esel** sind die Poschen, Haustra, die eine erhebliche Oberflächenvergrößerung darstellen und hauptsächlich im Anfangsabschnitt des absteigenden Kolons, Colon descendens, auch kleines Kolon genannt, deutlich ausgebildet. Am Ende des Verdauungstraktes sind die Haustra nicht so deutlich ausgebildet wie beim **Pferd**. Im Endabschnitt des kleinen Kolons liegen deutlich geformte Kotballen, die beim **Esel** trockener, fester und kleiner sind als beim **Pferd** (Abb. 11-2/8).

9.8 Leber, *Hepar*

Beim **Esel** zeigt die Leber die gleiche Gliederung wie die beim **Pferd** und besitzt ebenfalls scharfe Ränder (Abb. 9-2/A'). Bei Leberverfettung, *Hyperlipämie*, zu der Esel, besonders trächtige oder laktierende Stuten, neigen, sind im Ultraschall die stark abgerundeten Leberränder gut zu erkennen.

9.9 Bauchspeicheldrüse, Mündungen der beiden Ausführungsgänge der *Papillae duodeni*

Beim **Esel** liegen die Mündungspapillen der beiden Pankreasausführungsgänge, Papilla duodeni minor und Papilla duodeni major, dicht nebeneinander in der Pars cranialis duodeni, dicht am Magenausgang (Abb. 9-4/2, 3), während beim **Pferd** die Papilla duodeni major etwa 15 cm vom Magenausgang entfernt auf der konkaven Seite der Wand des Anfangsabschnitt des Duodenums, Pars cranialis duodeni, liegt (Abb. 9-5/10) und die Papilla duodeni minor ihr gegenüber zu finden ist.

Das **metabolische Syndrom** vom **Esel**, Donkey Metabolic Syndrom (DMS), ist eine Stoffwechselstörung, hat zahlreiche Ursachen und tritt oft bei alten Eseln auf.

Hinweis für Tierärzte:
Relevante Informationen mit Vergleichen zum **Pferd** finden sich bei: Möller, S., Wöckener, A., Puck Plötz, C. (2022): Update zur klinischen Labordiagnostik beim **Esel**. Tierärztliche Umschau, Pferd & Nutztier 1, 6–11 und bei Möller, S. und Wöckener, A. (2022): Beachtenswertes bei der Labordiagnostik. Vet. Impulse 31 (17), 6

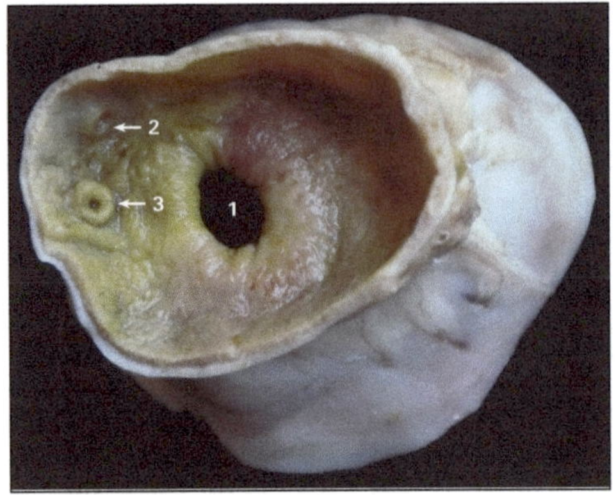

Abb. 9-4 Mündungspapillen der Ausführungsgänge des Pankreas in der Pars cranialis duodeni beim **Afrikanischen Esel**.

1 Pylorusöffnung, Ostium pyloricum; 2 Papilla duodeni minor des Ductus pancreaticus accessorius; 3 Papilla duodeni major mit Mündungen des Ductus choledochus und des Ductus pancreaticus

Präparation und Aufnahme: Prof. Hassen Jerbi, Tunesien

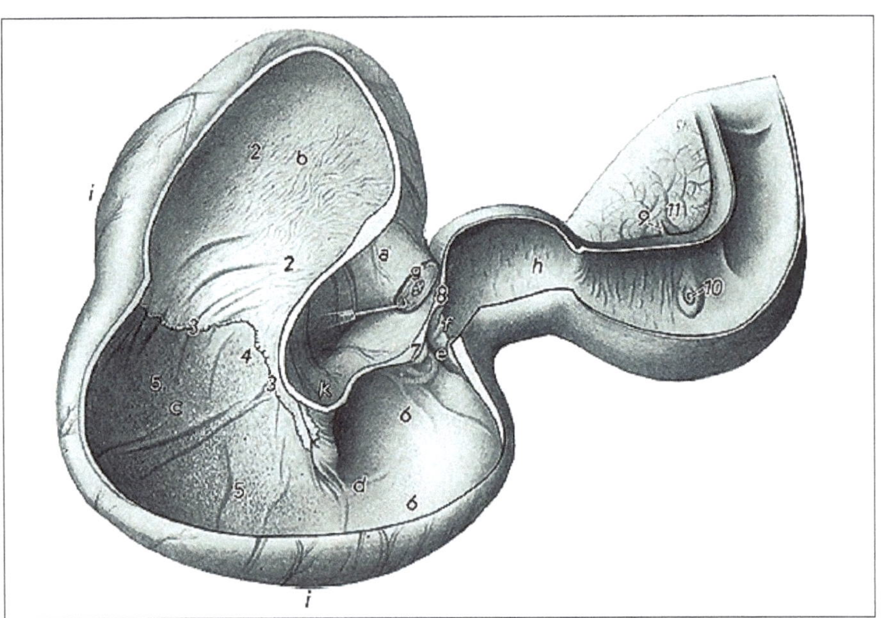

Abb. 9-5 Magen vom **Pferd**, Eingeweidefläche gefenstert und Pars cranialis des Duodenum zur Darstellung der Pankreaspapillen eröffnet.

a Cardia; b Saccus caecus ventriculi; c Corpus ventriculi; d Antrum pyloricum; e Canalis pyloricus; f Pylorus; g Oesophagus, kaudal hinter den Pylorus gelegt; h Pars cranialis duodeni, Ampulla duodeni; i Curvatura major; k Curvatura minor

2 Pars nonglandularis; 3 Margo plicatus; 4 gemischte Drüsenzone mit Kardia- und Pylorusdrüsen; 5 Region der Fundus- und Eigendrüsen; 6 Region der Glandulae pyloricae; 7 M. sphincter antri pylori; 8 M. sphincter pylori; *9 Ductus pancreaticus accessorius; 10 Papilla duodeni major mit den Mündungen der Ductus choledochus und pancreaticus;* 11 Corpus pancreati

Aus Nickel Schummer, Seiferle, Lehrbuch der Anatomie der Haustiere Bd. II, 8. Aufl., Seite 197, Abb. 3.107 mit freundlicher Genehmigung übernommen.

9.10 Milz, *Lien*

Beim **Esel** stimmt nach Präparationsbefunden die Milz in Lage und Form mit der beim **Pferd** überein, ist aber bei vollem Magen weiter kaudal gelegen als beim **Pferd** (Abb. 9-1/B).

9.11 Nieren, *Renes*

9.11.1 Nierenbecken, *Pelvis renalis*

Die Nieren vom **Esel** und die vom **Maulesel** besitzen im Gegensatz zu denen vom **Pferd** und denen vom **Maultier** keine röhrenförmigen Aussackungen, Recessus terminales, (Abb. 9-6) des Nierenbeckens. Der Harn der gesamten Niere ergießt sich bei **Esel** und **Maulesel** direkt ins Nierenbecken. Bei **Pferd** und **Maultier** fließt der Harn des größeren Mittelteils der Niere direkt in das Nierenbecken, während der Harn der polständigen Nierenanteile über die Recessus terminales (Abb. 9-7/R, R) in das Nierenbecken weitergeleitet wird.

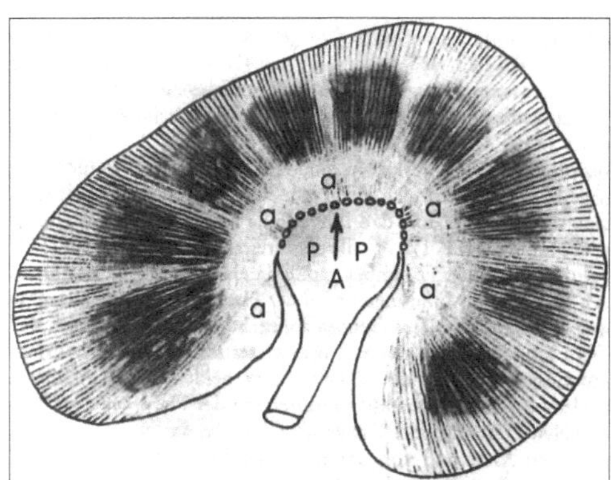

Abb. 9-6 Schematisierter Schnitt durch die Niere vom **Esel** (Equus asinus).

A Area cribrosa; a ,a, a Papilla renalis communis; P, P Pelvis renalis;

Abbildung aus: Simić (1984), Anat. Histol. Embryol. 13, 189–192

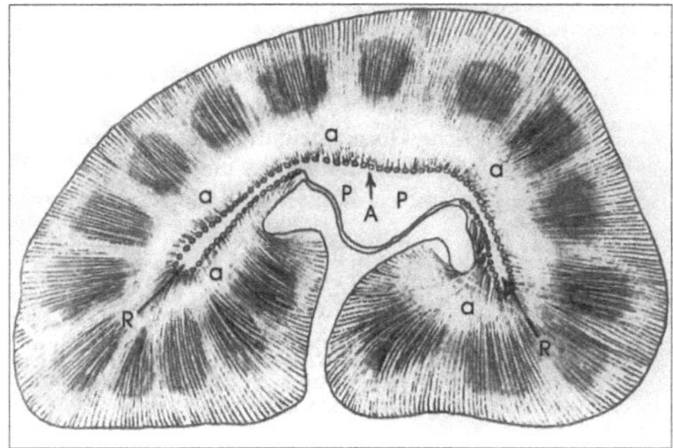

Abb. 9-7 Schematisierter Schnitt durch die Niere vom **Pferd** (Equus caballus).

A Area cribrosa; a ,a, a, a Papilla renalis communis;
P, P Pelvis renalis; R, R Recessus terminales

Abbildungen aus: Simić (1984), Anat. Histol. Embryol. 13, 189–192

9.11.2 Nierengefäße, *Arteriae und Venae renales*

Jede der beiden Aa. renales vom **Esel** teilt sich bereits vor Eintritt in die Niere in zwei Äste (Abb. 9-8/1, 2), während die A. renalis beim **Pferd** sich erst im Hilusbereich teilt. Die beiden Vv. renales verlassen die zugehörige Niere bei den meisten **Eseln** als einheitliches Gefäß.

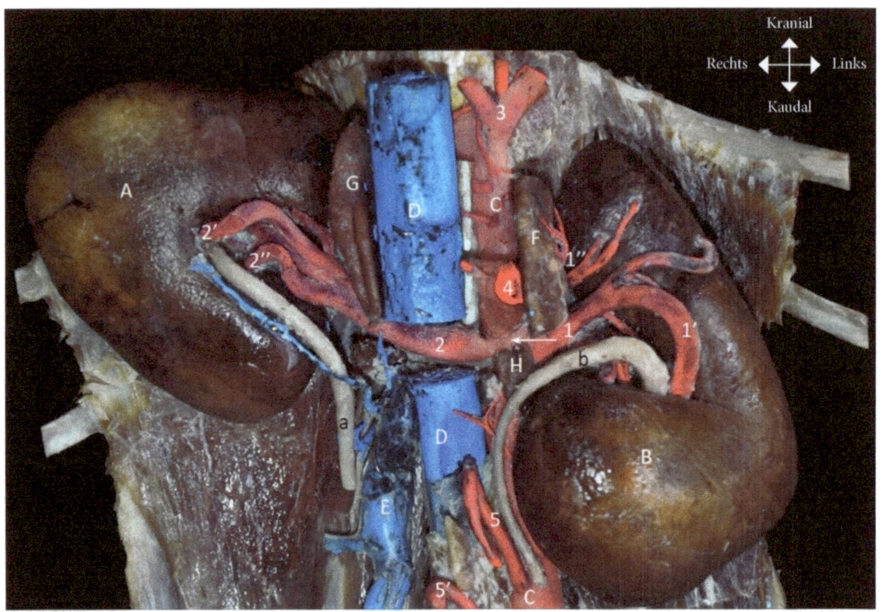

Abb. 9-8 Arterien und Venen der Nieren vom **Afrikanischen Esel** in Rückenlage.

A rechte Niere; B linke Niere; C Aorta abdominalis; D V. cava caudalis, z. T. gefenstert; E V. ovarica; F linke Nebenniere; G rechte Nebenniere; H linker Nierenlymphknoten
a rechter Harnleiter; b linker Harnleiter;
1 A. renalis sinistra, 1', 1'' ihre Äste an die Niere; 2 A. renalis dextra, 2', 2'' ihre Äste an die Niere; 3 Truncus coeliacus; 4 A. mesenterica cranialis; 5 ,5' Aa. ovaricae

Präparation und Aufnahme: Prof. Hassen Jerbi, Tunesien

Kapitel 10
Männliche Geschlechtsorgane, *Organa genitalia masculina*

10.1 Vorhaut, *Präputium*

Alle Eselrassen besitzen am Präputium zwei zitzenartige Fortsätze. Auch Mulis besitzen Präputialzitzen (Abb. 10-1A).

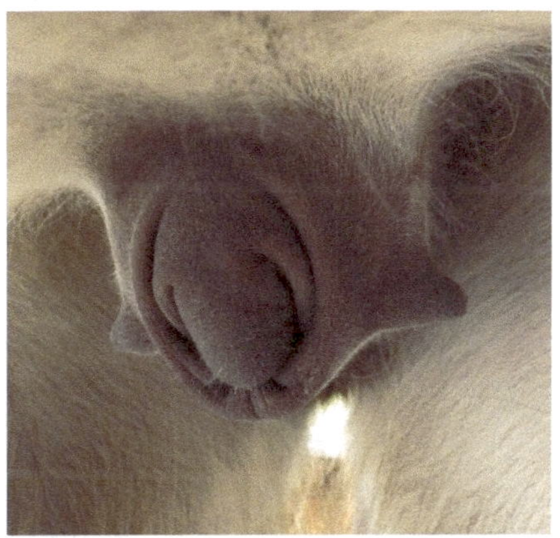

Abb. 10-1 Präputium eines **Poitou Esels** mit zitzenartigen Fortsätzen am Präputium. Ansicht von links vorne.

Aufnahme: Sandra Reichler, Zoo Heidelberg

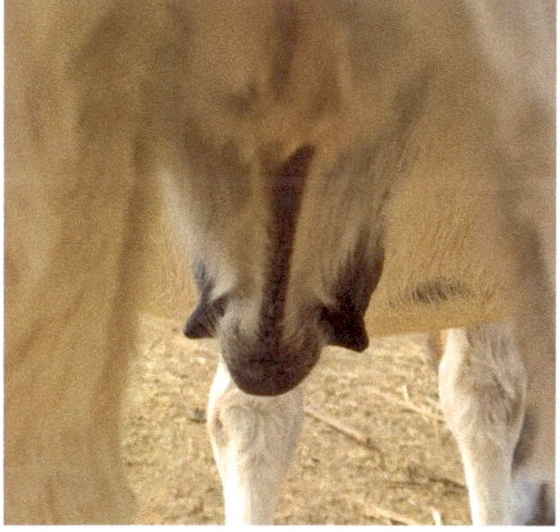

Abb. 10-1A Kastrierter **Muli** mit deutlichen Präputialzitzen. Ansicht von hinten, kaudal.

Besitzer: Julia Krüger, Wanderreitbetrieb, Am Silbergraben 1, 34537 Bad Wildungen-Wega
Aufnahme: Julia Krüger, Mulia-Fotografie.de

10.2 Hodensack, *Scrotum,* Hoden, *Testes,* Nebenhoden, *Epididymides,* und Samenstrang, *Funiculus spermaticus*

Das Skrotum setzt sich beim **Esel** als Scrotum pendulans deutlich von der ventralen Bauchwand ab (Abb. 10-2A bis 10-2C). Beim **Somali Wildesel** steht es senkrecht wie beim Bullen (Abb. 10-3).

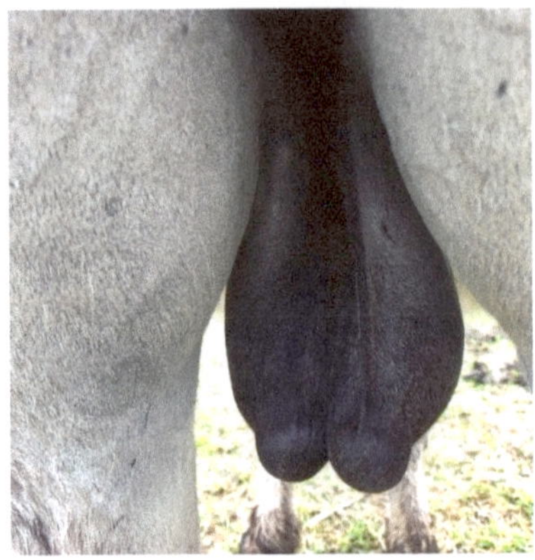

Abb. 10-2A Scrotum pendulans von einem 5 Jahre alten **Provence Esel** mit sich deutlich abzeichnenden Nebenhodenschwänzen bei nach hinten unten, kaudoventral, gerichteten Hoden. Ansicht von hinten.

Aufnahme: René Reifenrath, Jugenheim

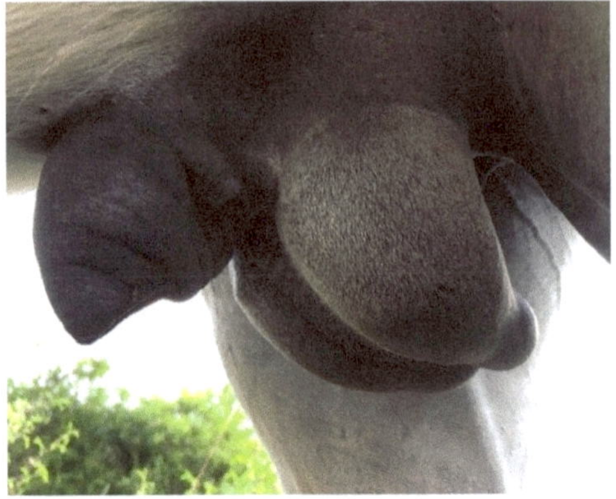

Abb. 10-2B Scrotum pendulans von einem 5 Jahre alten **Provence Esel** mit sich deutlich abzeichnenden Nebenhodenschwänzen bei nach hinten unten, kaudoventral, gerichteten Hoden. Liegender zitzenartiger Fortsatz am Präputium seitlich sichtbar. Ansicht von links vorne.

Aufnahme: René Reifenrath, Jugenheim

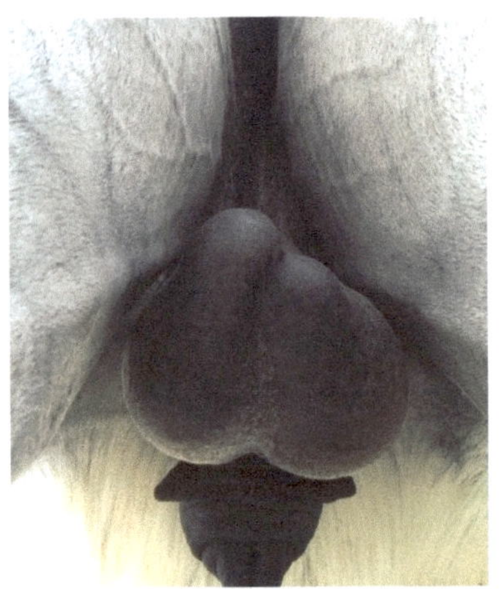

Abb. 10-2C Scrotum pendulans von einem 5 Jahre alten **Provence Esel** mit deutlich kaudal gerichteten Nebenhodenschwänzen und waagerecht liegenden Hoden. Die Präputialzitzen sind gut ausgebildet, Ansicht von hinten.

Aufnahme: René Reifenrath, Jugenheim

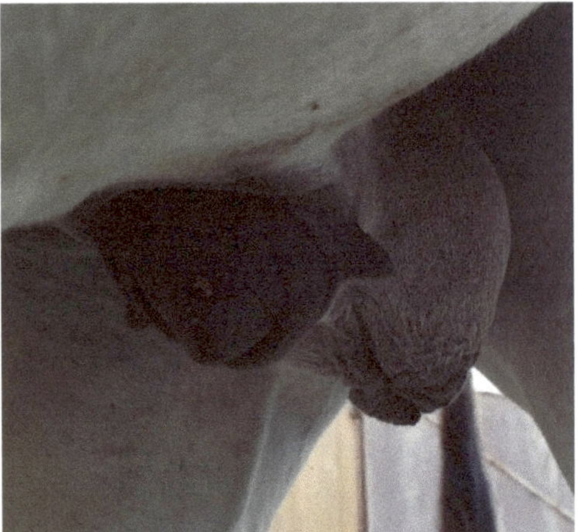

Abb. 10-3 Senkrecht stehendes Scrotum pendulans von einem **Somali Wildesel** mit sich deutlich abzeichnenden Nebenhodenschwänzen und Präputialzitzen. Ansicht von links vorne.

Aufnahme: Maren Otto, Zoo Hannover

Beim **Pferd** ist das Skrotum schräg nach hinten abfallend, ohne dass sich die Nebenhodenschwänze deutlich abzeichnen (Abb. 10-4).

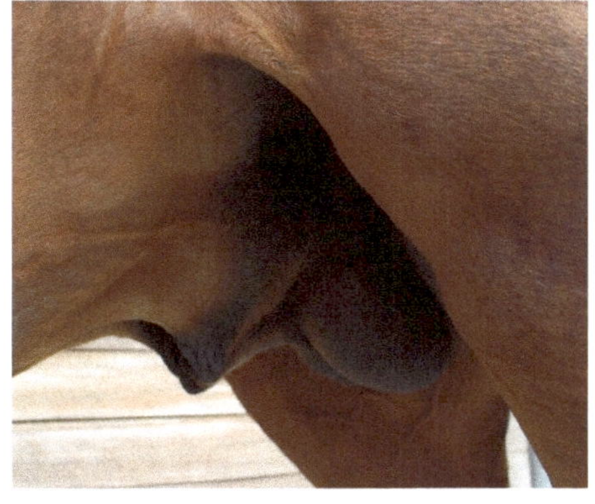

Abb. 10-4 Skrotum eines **Warmbluthengstes** mit schräg von oben vorne, kraniodorsal, nach hinten unten, kaudoventral, geneigten Hoden, Ansicht von links vorne.

Aufnahme: Prof. Dr. H. Sieme, Reproduktionsmedizinische Einheit der Kliniken der Stiftung Tierärztlichen Hochschule Hannover

Auffallend ist die Größe der Hoden vom **Esel** im Vergleich zu denen vom gleichgroßen **Pferd.** Beim erwachsenen Esel können die Messwerte von Länge, Breite, Umfang und Gewicht am linken Hoden höher sein als am rechten. Für die mittelgroßen Eselrassen beträgt die Hodenhöhe 6–7,5 cm, die Hodenlänge 9–10,5 cm und die Hodenbreite 4,8–6 cm. Durch das lange Skrotum ist auch ein langer Samenstrang ausgebildet.

Bei Kastrationen ist entsprechend viel Material zum Ligieren und zum Ansetzen einer Quetschzange vorhanden.

Die Nebenhodenschwänze sind beim **Esel** deutlicher größer als beim gleich alten **Pferd** (Abb. 10-2A bis 10-2C) und zeichnen sich durch die Wand des Skrotums markant ab.

Die Vaskularisation der Hoden von **Esel** und **Maultier** ist wesentlich intensiver als die der Hoden vom **Pferd.** Deshalb wird bei der Kastration vom **Esel**, die im Alter zwischen sechs und 18 Monaten erfolgen soll, unbedingt eine, ev. doppelte, Ligatur des Samenstrangs empfohlen. Außerdem ist in der Skrotalgegend deutlich mehr Fettgewebe ausgebildet als beim **Pferd**, das bei bedeckter Kastration den Halt einer Ligatur beeinflussen kann.

Die Diagnostik von verborgenem Hodengewebe, **Kryptorchismusdiagnostik**, beim **Esel** durch Bestimmung von Östronsulfat ist nur im positiven Fall aussagekräftig, da im testikulären Gewebe von Eselhengsten für gewöhnlich nicht ausreichend hohe Konzentrationen von Östronsulfat produziert werden. Alternativ kann beim **Esel** die Untersuchung des Anti Müller Hormons in Bezug auf Kryptorchismus durchgeführt werden.

Hinweis für Tierärzte:
Relevante Informationen mit Vergleichen zum **Pferd** finden sich bei: Möller, S., Wöckener, A., Puck Plötz, C. (2022): Update zur klinischen Labordiagnostik beim **Esel**. Tierärztliche Umschau, Pferd & Nutztier 1, 6–11 und bei Möller, S. und Wöckener, A. (2022): Beachtenswertes bei der Labordiagnostik. Vet. Impulse 31 (17), 6.

Obwohl bei männlichen **Maultieren** und bei männlichen **Mauleseln** gelegentlich einige Spermien in Hoden und Nebenhoden nachgewiesen wurden, gibt es keine zuverlässigen Berichte über eine erfolgreiche Zucht mit diesen Tieren.

10.3. Glied, *Penis,* akzessorische Geschlechtsdrüsen, *Glandulae genitales accessoriae,* und Samenerguss, *Ejaculatio*

Der Penis vom **Esel** ist deutlich größer als der vom gleichgroßen **Pferd.** Die Größe der akzessorischen Geschlechtsdrüsen von **Esel** und **Pferd** unterscheidet sich, in Abhängigkeit von der Größe der Tiere, deutlich.

Samenblasendrüse:

Esel:	Länge 5,0–13,0 cm	Durchmesser 2,5–4,0 cm	
Pferd:	Länge 10,0–15,0 cm	Durchmesser 3,0–6,0 cm	

Prostata:

Esel:	Länge 3,8–6,0 cm	Breite 2,6–3,5 cm	Höhe 1,6–2,5 cm
Pferd:	Länge 5,0–9,0 cm	Breite 3,0–6,0 cm	Höhe 1,0 cm

Ampulla ductus deferentis:

Esel:	Länge 10,0–13,5 cm	Durchmesser 1,6–2,5 cm
Pferd:	Länge 20,0–25,5 cm	Durchmesser 2,0–2,5 cm

Bulbourethraldrüse:

Esel:	Länge 2,8–3,5 cm	Breite 3,5–5,0 cm
Pferd:	Länge 4,0–5,0 cm	Breite 0,25 cm

Beim Deckakt benötigt der **Eselhengst** mehr Zeit zur Erektion und zur Ejakulation als der **Pferdehengst**. Es vergehen 15–30 Minuten bis der Deckakt beim **Eselhengst** ausgeführt worden ist, während der **Pferdehengst** 10–11 Minuten dafür benötigt.

Während der Paarung gibt es beim **Esel** oft mehrere Perioden der sexuellen Interaktion. Es ist normal, dass der Hengst mehrmals ohne Erektion aufreitet. Es kann während des Deckaktes vorkommen, dass der Hengst das Interesse an der Stute zu verlieren scheint und sich vor der vollständigen Erektion und Paarung einige Meter zurückzieht.

Das Volumen des Ejakulates liegt beim **Esel** zwischen 30 und 150 ml, die Spermienkonzentration bewegt sich zwischen 100×10^6 und 400×10^6/ml.

Beim **Pferd** liegt das Volumen des Ejakulates in Abhängigkeit von der Rasse und der Jahreszeit zwischen 25 und 100 ml, die Spermienkonzentration schwankt zwischen 120×10^6 und 333×10^6/ml.

10.4 Libido, jahreszeitliche Schwankungen

Da **Esel** aus Gebieten stammen, in denen es nur geringe jahreszeitliche Licht- und Temperaturschwankungen gibt, war eine Anpassung an bestimmte Witterungsverhältnisse nicht notwendig. Deshalb ist bei der Libido der Esel in Europa nur eine leichte Abschwächung in den Herbst- und Wintermonaten festzustellen.

Kapitel 11
Weibliche Geschlechtsorgane, *Organa genitalia feminina*

Bei **Eselstuten** sind die Geschlechtsorgane im Verhältnis zur Körpergröße voluminöser als bei **Pferdestuten.**

11.1 Eierstöcke, *Ovaria,* und Eileitergekröse, *Mesosalpinx*

Bei **Eselstuten** liegen die Ovarien ventral vom 4. bis 5. Lendenwirbel und damit weiter kranial als bei **Pferdestuten** und enthalten Follikel mit einem Durchmesser von bis zu 40 mm.
Im **Anöstrus** sind die Ovarien eines Hausesels etwa so groß wie eine Bohne, während sie in der Zuchtsaison Wachteleigröße erreichen.

Das Eileitergekröse, Mesosalpinx, ist bei der **Eselstute** deutlich ausgedehnter als bei der **Pferdestute** und bildet eine beachtlich geräumige Eierstockstasche, Bursa ovarica.

11.2 Gebärmutter, *Uterus,* Scheide, *Vagina,* Kitzler, *Clitoris,* und Scham, *Vulva*

Bei **zehn nie trächtig gewesenen Stuten Europäischer Esel** mit einem Gewicht zwischen 135 und 275 kg hatten die kegelförmigen Gebärmutterhälse eine Länge zwischen 45 und 70 mm und standen deutlich in die **Scheide** vor (Abb. 11-1/b, 11-2/2). Ihre Durchmesser lagen zwischen 28 und 35 mm und waren kleiner als bei gleichgroßen **Pferden.** Typisch waren gewundene Längsfalten in Inneren der Cervices. Die deutlich ausgebildeten Scheidenanteile, Portiones vaginales der Cervices, ragten 15 bis 25 mm in die Scheiden und waren ventral abgebogen (Abb. 11-2/2). Dadurch sind sie oft schwierig zu katheterisieren.

Beim **Pferd** ist die dickwandige Cervix ca. 60–70 mm lang und besitzt einen geradlinig verlaufenden Zervixkanal, dessen Schleimhaut nur längsverlaufende Schleimhauthalten aufweist. Dadurch ist die Zervix für geeignete Instrumente meist gut passierbar.

Die kranialen Enden der Uterushörner liegen beim **Esel** in Höhe des 5. Lendenwirbels.

Bei **Baudet du Poitou Eselstuten** werden auch noch seitliche Schleimhautfalten beschrieben, die die Cervix an der Scheidenwand fixieren. Diese und die bei den **Europäischen Eseln** gefundenen gewundenen Schleimhautfalten im Inneren der Cervix erschweren eine instrumentelle Samenübertragung.

Die prominente **Klitoris** der **Eselstute** (Abb. 11-2/7; 11-3) liegt meistens frei sichtbar im ventralen Winkel der kleinen und festen Vulva, die bei der **Pferdestute** wulstig ist und die Klitoris bedeckt (Abb. 11-4; 11-5). Durch das kaudal abfallende Becken zeigt die **Vulva** bei der **Eselstute** eine leichte Schrägstellung (Abb. 11-3; 11-7), was deren Schluss unterstützt, so dass eine Pneumovagina selten ist.

Auch bei **Eselstuten** wurden Scheidenspangen als Geburtshindernisse beobachtet.

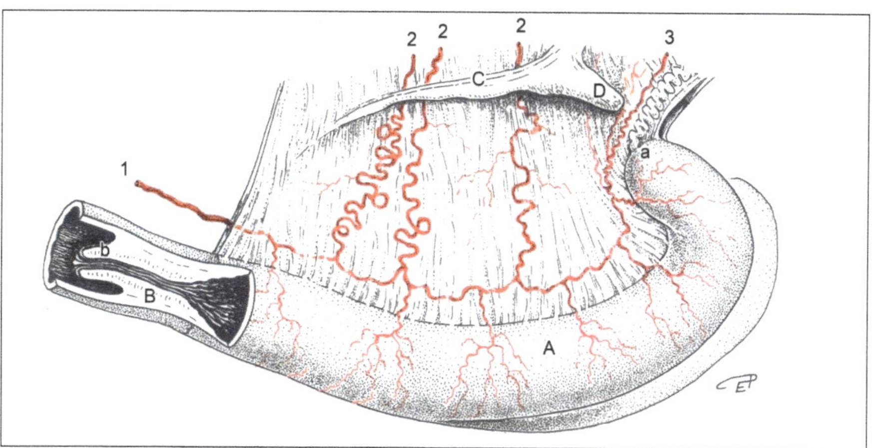

Abb. 11-1 Darstellung von Uterus mit Cervix einer **Eselstute**, rechte Seitenansicht. In Anlehnung an: Renner-Martin et. al. (2009): Gross Anatomy of the Female Genital Organs of the Domestic Donkey (Equus asinus Linne, 1758).

A rechtes Uterushorn; B lange Cervix uteri, eröffnet; C Ligamentum teres uteri; D Appendix des Ligamentum teres uteri; a Ostium uterinum tubae; b Scheidenanteil des Gebärmutterhalses; 1 R. uterinus der A. vaginalis; 2 Äste der A. uterina; 3 R. tubarius der A. ovarica

Zeichnerin: Tierärztin Dr. Eva Polsterer, Wien

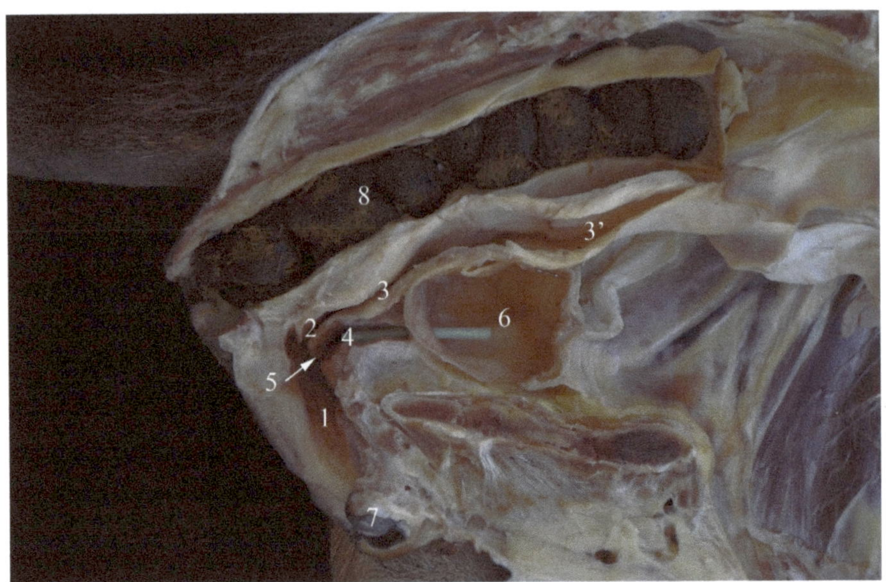

Abb. 11-2 Präparat eines **Afrikanischen Esels**, linke hintere Körperhälfte, eröffnet

1 Scheide, Vagina; 2 Scheidenanteil des Gebärmutterhalses, Portio vaginalis cervicis; 3 Gebärmutterhals, Cervix uteri; 3' Gebärmutter, Uterus; 4 Harnröhre, Urethra, eröffnet mit Plastikrohr im Lumen zur Darstellung der inneren Urethraöffnung, Ostium urethrae internum; 5 Äußere Öffnung der Harnröhre, Ostium urethrae externum; 6 Harnblase, Vesica urinaria; 7 Kitzler, Clitoris; 8 Kotballen im Enddarm

Präparation und Aufnahme: Prof. Hassen Jerbi, Tunesien

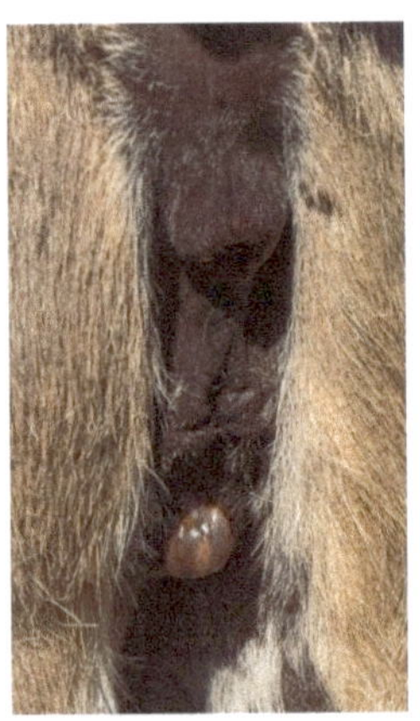

Abb. 11-3 Scheide einer **Eselstute** mit deutlich vortretender Klitoris

Besitzer: Victor Huber, Zürich
Aufnahme: Rainer Egle, Zürich

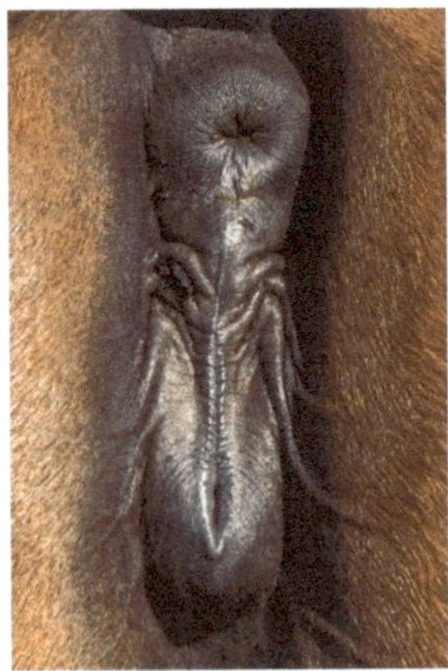

Abb. 11-4 Scheide eine **Pferdestute**, Klitoris nicht sichtbar.

Besitzer: Benjamin Fürst, Zürich
Aufnahme: Rainer Egle, Zürich

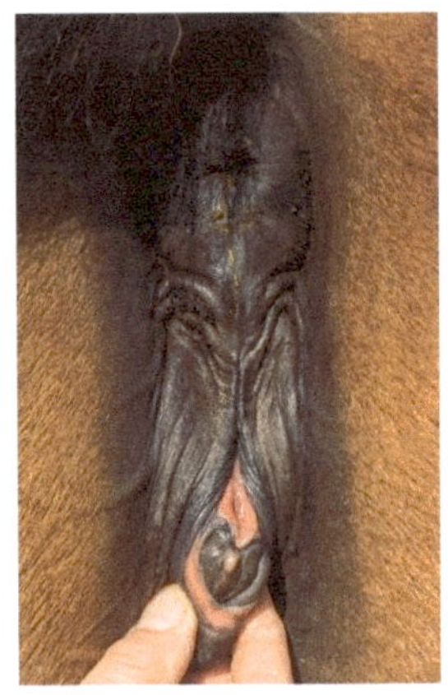

Abb. 11-5 Scheide der **Pferdestute** von Abb. 11-4 mit manuell vorgelagerter Klitoris.

Besitzer: Benjamin Fürst, Zürich
Aufnahme: Rainer Egle, Zürich

11.3 Sexualzyklus und Trächtigkeit

Die Geschlechtsreife beginnt bei der **Eselstute** mit 10–22 Monaten, die Trächtigkeitsdauer beträgt 11–14,5 Monate (330–435 Tage), häufig sogar zwischen 365 und 376 Tage, im Gegensatz zur **Pferdestute,** deren Geschlechtsreife mit 18 Monaten beginnt und die 11 Monate (335–345 Tage) trächtig ist. Der Zyklus dauert beim **Esel** zwischen 20 und 40 Tage, gewöhnlich nur 23–30 Tage. Die Rosse der **Eselstute** dauert 6–9 Tage (2–10 Tage), und ist weniger saisonal als die der **Pferdestute.** Zu Beginn der Brunst beträgt die durchschnittliche Größe des dominanten Follikels bei der **Eselstute** 25 mm. Bei der Pferdestute können die Follikel unmittelbar vor der Ovulation eine Grösse von 35 (Araber) bis 55 (Kaltblut) mm erreichen. Die Ovulation erfolgt bei der Eselstute 5–6 Tage nach Beginn der Rosse und damit im Allgemeinen weniger als 15 Stunden vor dem Ende der Brunst. Das Brunstverhalten setzt sich nach dem Eisprung für einen variablen Zeitraum fort.

Doppelovulationen treten bei 5–70 % der **Eselstuten** auf und damit häufiger als bei **Pferden** und **Ponys.** Außerdem besteht eine hohe individuelle Wiederholbarkeit. Die Prävalenz des multiplen Eisprungs scheint durch die Kondition der Eselstute positiv beeinflusst zu werden.
Die Intervalle zwischen zwei Zyklen dauern bei der **Eselstute** ca. 24 Tage (20–26 Tage). Bei älteren Stuten sind die interovulatorischen Intervalle oft länger.

Die Fohlenrosse tritt bei der **Eselstute** oft schon 5 Tage nach der Geburt ein, spätestens nach 13 Tagen, während sie bei der **Pferdestute** im Normalfall nach 7–11 Tagen festzustellen ist.

Während der Brunst zeigen **Eselstuten** eine Vielzahl von Verhaltensweisen, darunter Besteigen anderer Esel, Hüten, Jagen anderer weiblicher Tiere, Maulklatschen mit Zähneklappern, wie es Pferdefohlen als Unterwürfigkeitszeichen zeigen (Abb. 11-8), Augenzwinkern, Anlegen der Ohren, Blitzen, d. h. wiederholtes Freilegen der Klitoris, (Abb. 11-7), Anheben des Schwanzes, Urinieren, zurückgestellte Hinterbeine, abgesenkter Dammbereich und Deckbereitschaft durch Stehen (Abb. 11-6; 11-8). Nach dem Deckakt wird meistens uriniert (Abb. 11-9), worauf der Eselhengst auf denselben Fleck uriniert.
Der Deckakt dauert bei **Eseln** deutlich länger als bei **Pferden.**

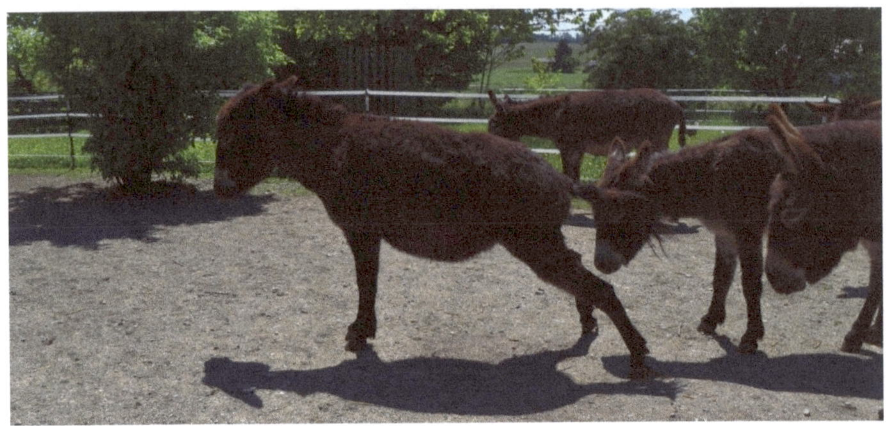

Abb. 11-6 Rossige Europäische Eselstute
Die deckbereite Stute zeigt die typische Stellung mit gespreizten Hinterbeinen, angehobenem Schwanz und abgesenktem Becken.

Besitzerin und Aufnahme: Ulli Sparber, Eselhof Berndlgut, Oberösterreich

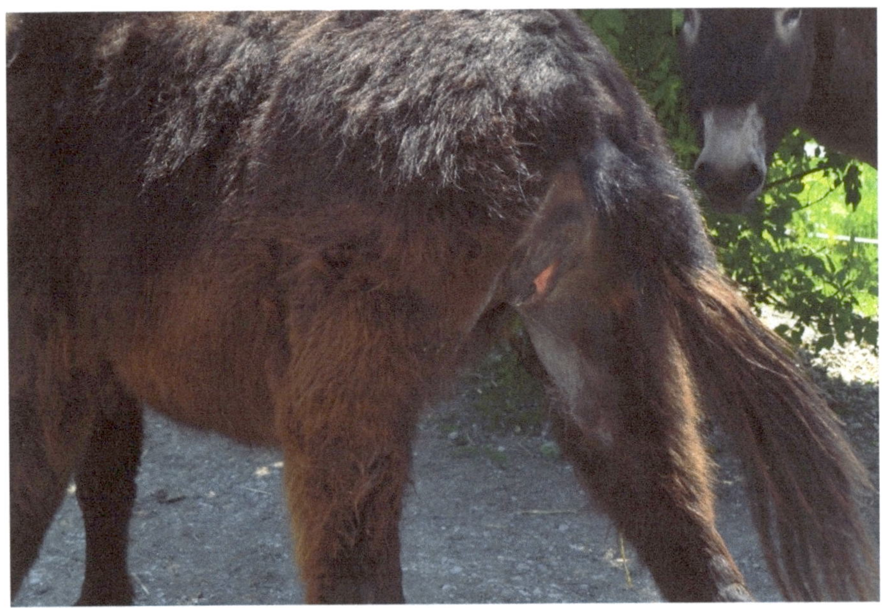

Abb. 11-7 Rossige Europäische Eselstute
Die deckbereite Stute hat die Hinterbeine gespreizt, den Schwanz angehoben, das Becken gesenkt und blitzt, wobei die Klitoris noch mehr freigelegt wird und sich die Schamlippen öffnen.

Besitzerin und Aufnahme: Ulli Sparber, Eselhof Berndlgut, Oberösterreich

Abb. 11-8 Deckbereite Eselstute
Die Stute zeigt die für den Deckakt typische Kopf-Hals-Haltung mit angelegten Ohren und Maulklatschen.

Besitzerin und Aufnahme: Ulli Sparber, Eselhof Berndlgut, Oberösterreich

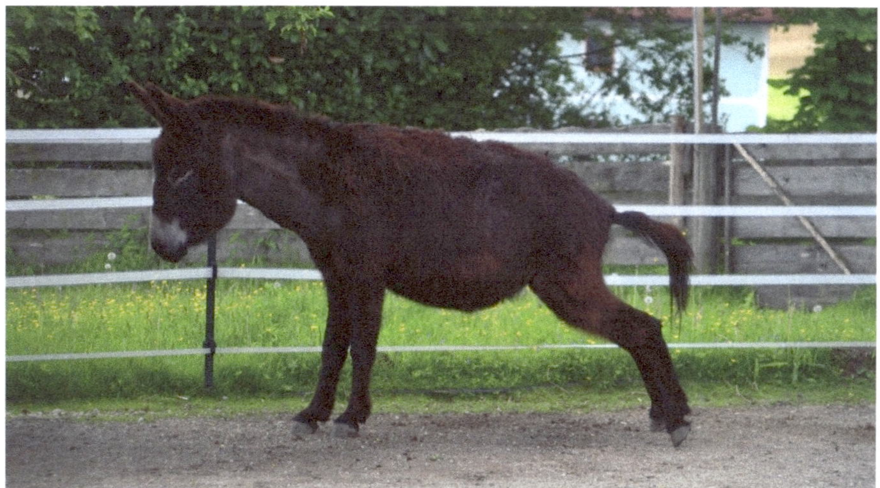

Abb. 11-9 Harnabsatz
Die Stute zeigt die für den Harnabsatz nach dem Deckakt typische Haltung.

Besitzerin und Aufnahme: Ulli Sparber, Eselhof Berndlgut, Oberösterreich

Transrektaler Ultraschall kann bei der **Eselstute** schon 10 Tage nach dem Eisprung erfolgreich sein, der optimale Zeitpunkt ist wie bei der **Pferdestute** 14 Tage nach dem Eisprung. Eine **transrektale Palpation** ist ab Tag 40 der Trächtigkeit erfolgversprechend.

Für die **Trächtigkeitsdiagnostik beim Esel** aus dem Blut zwischen **Tag 45 und 95** stehen Tests zur Bestimmung des „donkey choriongonadotropin" (dCG), welches dem Choriongonadotropin (eCG) vom **Pferd** strukturell sehr ähnelt, aber primär LH-Wirkung aufweist, zur Verfügung.

Ab 110ten Tag der Trächtigkeit kann, wie beim **Pferd**, das Östronsulfat bewertet werden.

Hinweis für Tierärzte:
Relevante Informationen mit Vergleichen zum **Pferd** finden sich bei: Möller, S., Wöckener, A., Puck Plötz, C. (2022): Update zur klinischen Labordiagnostik beim **Esel**. Tierärztliche Umschau, Pferd & Nutztier 1, 6–11 und bei Möller, S. und Wöckener, A. (2022): Beachtenswertes bei der Labordiagnostik. Vet. Impulse 31 (17), 6

Eine manuelle Beendigung einer Zwillingsträchtigkeit erfolgt beim **Esel** vorzugsweise in den Tagen 14–15 der Trächtigkeit durch Enukleation einer Keimanlage. Beim **Pferd** erfolgt die Enukleation bis zum 16. Trächtigkeitstag.

Bei **Maultieren** wurden Follikel in den Eierstöcken nachgewiesen, diese Tiere zeigten gelegentlich Rosse und hatten einen Eisprung. Die Aussagen, ob es bei einer Belegung zu einer Trächtigkeit gekommen ist, variieren.

Auch **Maulesel** sollen nach Literaturangaben sehr selten fruchtbar sein.
Nach einem Bericht aus China, Rong et al. (1988), wurden eine Maultierstute und eine Mauleselstute mit einem Eselhengst verpaart. Beide Stuten brachten Stutfohlen zur Welt. Beide Fohlen zeigten einzigartige Hybrid-Karyotypen, die sich von denen der Muttertiere und auch untereinander unterschieden.

Kapitel 12
Gehirn mit Hypophyse und Rückenmark

Esel haben im Vergleich zum **Pferd** eine ausgeprägtere Stirn. Die Riechkolben sind beim **Esel** kleiner als beim Pferd, aber deutlich weiter rostral gerichtet. Beim **Pferd** dient der Stirnhaarwirbel zur Orientierung bei der Lokalisationsbestimmung der Riechkolben. Dieser Wirbel fehlt dem **Europäischen Esel** meistens, während er bei **Brasilianischen Eseln** nur gelegentlich anzutreffen ist (Abb. 2-1E).

Die Flexibilität des Rückenmarks kennzeichnet die Abb. 12-1.

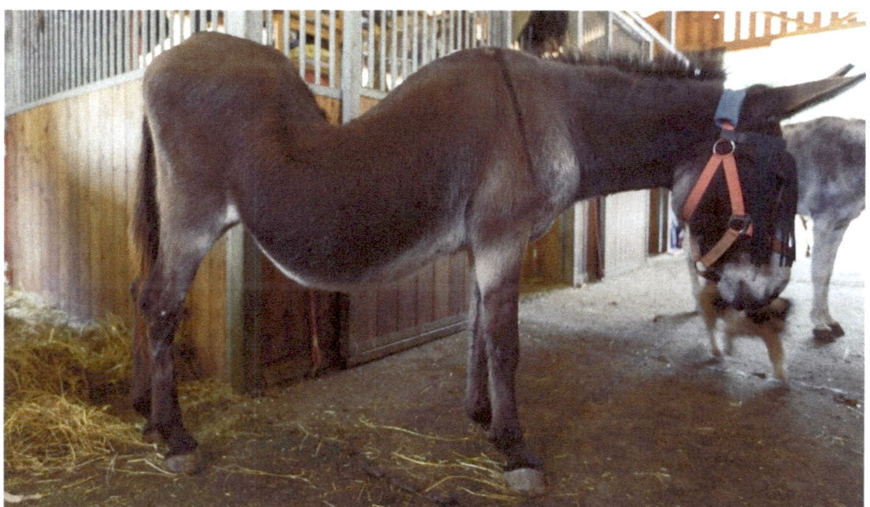

Abb. 12-1 Griechischer Hausesel, ca. 15 Jahre alt, lebt auf der Corfu Donkey Rescue in Korfu, die vom Tierschutzbund Zürich betreut wird. Trotz des extremen Senkrückens, **Lordose**, im Brust-Lendenbereich, kann sich die Eselin ablegen, wälzen und galoppieren. Im Liegen ist der Rücken gerade. Das Rückenmark ist voll funktionsfähig.

Aufnahme: Dr. Laura Schröter, Gemeinschaftspraxis für Pferde, 65232 Taunusstein

Das Rückenmark endet beim **Esel** in Höhe des 2. Kreuzwirbels, während sich die Rückenmarkshaut, Dura Mater, bis zum 1. manchmal bis zum 2. Schwanzwirbel ausdehnt.
Beim **Pferd** endet das Rückenmark in Höhe des 1. Kreuzwirbels, während die Dura Mater unterschiedlich im Bereich der ersten beiden Schwanzwirbel endet.

Hypophyse, Funktionsstörungen (PPID)

Die Dysfunktion der Pars intermedia der Hypophyse: Pituitary Pars Intermedia Dysfunction (PPID) beim **Esel** ist oft haltungsbedingt.

Hinweis für Tierärzte:
Relevante Informationen mit Vergleichen zum **Pferd** finden sich bei: Möller, S., Wöckener, A., Puck Plötz, C. (2022): Update zur klinischen Labordiagnostik beim **Esel**. Tierärztliche Umschau, Pferd & Nutztier 1, 6–11 und bei Möller, S. und Wöckener, A. (2022): Beachtenswertes bei der Labordiagnostik. Vet. Impulse 31 (17), 6

Euthanasie

Der Ansatzpunkt eines Bolzenschussapparates am Kopf vom **Esel** für eine artgerechte Euthanasie liegt, bedingt durch den größeren Kopf und die dadurch etwas andere Topographie des Gehirns, etwas höher als beim **Pferd**.

Die Aufsatzstelle für den Bolzenschussapparat liegt beim Esel 1-2 cm oberhalb der Kreuzung der Verbindungslinien von der Ohrbasis zum Rand des gegenüberliegenden, kontralateralen, äußeren Lidwinkels.

Abb. 12-2 Auffinden der Aufsatzstelle eines Bolzenschussapparates zur Euthanasie bei einem **Brasilianischen Esel**.

Besitzer: Faculdade de Medicina Veterinária e Zootecnica -Botucatu SP
Aufnahme: Dr. Carlos Alberto Hussni, Botucatu, Brasilien
Skizze: Prof. Dr. A. Fürst, Direktor der Klinik für Pferdemedizin der Universität Zürich

Kapitel 13
Blut, *Sanguis*

Esel haben größere Erythrozyten, als das **Pferd**, dafür aber weniger, mit einem höheren MCV (Mittleres Corpuskuläres Volumen).

Die Zusammenstellungen der Referenzwerte von **Hämatologie, Biochemie und Blutgerinnung** wurden aus: Linda Evans and Gemma Lilly BAEDT: The Clinical Compendium of Donkeys Dentistry, the Donkey Sanctuary, 2020, Appendix 6, Seite 219, ISBN 978 1838594 916, übernommen und durch Angaben zum Pferd von Schwarz/Anen CVE Pferd, 3, (2014) Eselmedizin - Basiswissen S. 31 und aus Gehlen H. (2017) Differenzialdiagnosen Innere Medizin beim Pferd, Seite 435–440, ergänzt.
Referenzwerte: Spurenelemente aus: Möller, S., Wöckener, A., Puck Plötz, C. (2022): Update zur klinischen Labordiagnostik beim Esel. Tierärztliche Umschau, Pferd & Nutztier 1, 9

Beachte: Bei der Beurteilung des Untersuchungsmaterials müssen die laboreigenen Untersuchungsmethoden berücksichtigt werden.

Tab. 13-1 Hämatologie: Referenzwerte erwachsener Tiere

	Esel	**Pferd**	
Parameter	**Referenzbereich**	**Referenzbereich**	**Einheiten**
RBC	4.4–7.1	6.2–8.9	T/l
PCV	27–42	0.30–0.43	l/l
Hb	89–147	108–149	g/l
MCH	17.6–23.1	15–18	pg
MCHC	31–37	35–37	g/dl
MCV	53–67	42–55	fl
WBC	6.1–16.1	3.5–9.4	G/l
Neutrophile %	23–59	39–80	%
NEU Total	2.4–6.3	3.0–7.0	G/l
EOS %	0.9–9.1	<0.7	%
EOS Total	0.1–0.9	0–0.2	G/l
BAS %	0–0.5	<0.3	%
BAS Total	0–0.07	0–0.6	G/l
LYM %	34–69	20–45	%
LYM Total	2.2–9.6	1.2–4.0	G/l
MON %	0.5–7.5	<0.6	%
MON Total	0–0.75	0.4	G/l
PLATELETS	95–384	80–230	G/l
RDW	16.1–22.0	14.7–22.6	%
Fibrinogen	0.6–2.6	1.1–3.5	g/l
SAA	<10	3–27	µg/ml

Beachte: Eselfohlen haben höhere Leukozyten- und Eosinophilen-Zahlen als adulte Tiere.

Tab. 13-2 Biochemie: Refernzwerte erwachsener Tiere

	Esel	**Pferd**	
Parameter	**Referenzbereich**	**Referenzbereich**	**Einheiten**
Trig	0.6–2.8	0.1–0.5	mmol/l
CPK	128–525	112–305	u/l
AST	238–536	229–393	u/l
GGT	14–69	6–31	u/l
GLDH	1.2–8.2	0.5–2.2	u/l
ALP	98–252	81–183	u/l
Bile Acid	2.6–18.6	17.4–35.2	µmol/l
Tbil	0.1–3.7	11.1–51.8	µmol/l
TP	58–76	57.7–72.9	g/l
Alb	22–32	27.4–35.7	g/l
Glob	32–48	24.7–41.5	g/l
Creat	53–118	76.8–146.7	µmol/l
Urea	1.5–5.2	3.0–7.1	mmol/l
Amylase	1.0–10.6	2.0–37.0	u/l
Lipase (DGGR)	7.8–27.3	<250	u/l
Glucose	3.9–4.7	3.9–6.9	mmol/l
Calcium	2.2–3.4	2.5–3.4	mmol/l
Na	128–138	133–144	mmol/l
K	3.2–5.1	2.6–4.4	mmol/l
Cl	96–106	92–102	mmol/l
Chol	1.4–2.9	2.3–4.4	mmol/l
Eisen	6.4–25.5	17.9–64.5	µmol/l
Phosphat	0.87–1.97	0.7–1.5	mmol/l

Tab. 13-3 Blutgerinnung: Referenzwerte erwachsener Tiere

	Esel	**Pferd**	
Parameter	**Mittelwert**	**Mittelwert**	**Einheiten**
Fibrinogen	0.6–2.6	1.1–3.5	g/l
Prothromb.	8.9–14.5	0.92–1.14	Sekunden

Tab. 13-4 Spurenelemente: Referenzwerte erwachsener Tiere

	Esel	**Pferd**	
Parameter	**Referenzbereich**	**Referenzbereich**	**Einheiten**
Kupfer	9.4–18.4	7.9–21.0	µmol/l
Zink	3.3–14.1	9.2–19.9	µmol/l
Selen	50.6–179.2	100–200	µg/l

Referenzbereiche für Spurenelemente beim **Esel** nach Auswertung von Laboklin GmbH & Co. KG, siehe: Möller, S., Wöckener, A., Puck Plötz, C. (2022): Update zur klinischen Labordiagnostik beim Esel. Tierärztliche Umschau, Pferd & Nutztier 1, 9.

Kapitel 14
Haut als Organ und ihre Belastung beim Esel

Die anatomischen Unterschiede zwischen Eselhaut und Pferdehaut sind zwar gering, trotzdem soll der Haut, dem größten Organ des Körpers, ein Kapitel gewidmet werden, um Haltern und Besitzern von Eseln die vielfältigen Ursachen von Hautveränderungen aufzuzeigen und die Besitzer zu motivieren, tierärztliche Hilfe in Anspruch zu nehmen und bei Hautveränderungen keine Selbstheilungsversuche zu starten und dann bei Misserfolg doch noch einen Tierarzt einzuschalten, für den dann ein Heilungserfolg viel schwieriger zu erzielen ist.

Hauterkrankungen sind bei **Eseln**, wie bei **Pferden**, keine Seltenheit. Bei den **bakteriellen Erkrankungen** dominieren Infektionen mit Dermatophilus congolensis und Staphylokokken spp. Erkrankungen mit verschiedenen **Pilzerregern** sind je nach Region unterschiedlich häufig. Es können verschiedene Trichophyton spp. sowie auch Sporotrixarten nachgewiesen werden. Verschiedene **Milben**, aber auch andere **Ektoparasiten** können in ähnlichem Ausmaß wie bei Pferden diagnostiziert werden. Bei der Behandlung der verschiedenen Hauterkrankungen muss auf den Verlauf der verschiedenen Medikamente im Körper, Pharmakokinetik, Rücksicht genommen werden.

Unter den Tumorerkrankungen spielen die Hauttumore, **Sarkoide**, eine sehr große Rolle. Diese sind bei **Eseln** ausgesprochen häufig und meistens handelt es sich dabei um die fibroblastische Form. Neben den üblichen Lokalisationen der Sarkoide am Kopf gibt es auch eine besondere Häufung in der Region von Präputium und Hoden sowie auch in der Euterregion.

Kapitel 15
Vitalparameter

Die hier aufgeführten Durchschnittswerte wurden im Ruhezustand gemessen:

Körperinnentemperatur:

Esel:	37,1°C (36,2°C–37,8°C)
Eselfohlen:	37,6°C (36,2°C–38.9°C)
Neugeborenes:	37,5°C–38,5°C
Pferd:	37,7°C (37,5°C–38,0°C)
Pferdefohlen:	38,1°C (37,8°C–38,5°C)

Pulsfrequenz:

Esel:	44 Pulswellen/min (30–68 Pulswellen/min)
Eselfohlen:	60 Pulswellen/min (40–80 Pulswellen/min)
Neugeborenes:	80–120 Pulswellen/min in den ersten Stunden
Pferd:	38 Pulswellen/min (28–48 Pulswellen/min)
Pferdefohlen:	in den ersten Lebenstagen: 60–100 Pulswellen/min, 3.–12. Lebensmonat: 45–75 Pulswellen/min

Atemfrequenz:

Esel:	20 Atemzüge/min (12–44 Atemzüge/min)
Eselfohlen:	28 Atemzüge/min (16–48 Atemzüge/min)
Neugeborenes:	60–80 Atemzüge/min in den ersten Stunden 30–40 Atemzüge/min nach 12 Stunden
Pferd:	13 Atemzüge/min (8–18 Atemzüge/min)
Pferdefohlen:	in den ersten Lebenswochen: 30 Atemzüge/min (20–40 Atemzüge/min)

Kapitel 16
Transrektale Palpationsmöglichkeiten beim Esel

Folgende Organe sollen bei entsprechender Größe des Esels zu palpieren sein:

Milz,
Linke Niere,
Milznierenband,
Blinddarmkopf,
Beckenflexur und linke ventrale Längslage des Kolons,
Colon descendens mit Kotballen,
Gefüllte Blase,
Leistenkanal bei männlichen Tieren,
Ovarien und Uterus bei Stuten.

Kapitel 17
Die wilden Verwandten von Pferd und Esel

Autor: E. Isenbügel

Die Familie der Pferdeartigen (Equidae) umfasst außer den Hauspferden:

1 Wildpferde,
2 Zebras (Equus quagga) in 3 wesentlichen Arten,
3 Wildesel,
4 asiatische Halbesel,
5 Hausesel.

17.1 Wildpferde

Das mongolische Urwildpferd oder nach seinem Entdecker Przewalski benannte Urwildpferd (Equus ferus prewalskii) (Abb. 17-1) ist seit 1968 in der Mongolei ausgestorben. Die Entführung von Haustierstuten durch Przewalskihengste und Fleischjagd, Weide- und Wasserkonkurrenz trugen zur Ausrottung bei.

Aus Zoo- und Privatzuchten, wie der Werner Stamm-Stiftung zur Erhaltung seltener Einhufer in Basel und dem Zoo Hellabrunn in München, wurden ab 1970 in vier Reservaten in China und der Mongolei erfolgreich Urwildpferde wieder angesiedelt. Dies sind: Jimsar und Gansu in China sowie Hustain Nuruu und Tachin Tal in der Mongolei.

Przewalskipferde leben in Haremsverbänden von 5–7 Stuten mit Fohlen und einem Hengst. Die Haremsgröße wird weitgehend vom Futterangebot bestimmt. Urwildpferde wurden nie in menschlichen Dienst genommen.

Das Przewalskipferd galt lange Zeit als einzige Ausgangsform unserer Hauspferde, ist aber nach heutigem Kenntnisstand eine Seitenlinie der Equidenentwicklung, wofür auch die unterschiedliche Chromosomenzahl von 66 bei Hauspferden und 64 beim Przewalskipferd spricht.

Die selbsterhaltenden stabilen Bestände lassen trotz großer Verluste in futterarmen Schneewintern und Wolfsverluste im Auswilderungs-Gebiet Tachintal Gobi B, Mongolei die Rückkehr des Urwildpferdes als gesichert erscheinen.

Abb. 17-1 Ausgewilderte **Przewalskipferde** im Naturschutzreservat Gobi B, Tachintal Mongolei.

Aufnahme: ITG International Takhi Group Stiftung Wildnispark Zürich

17.2 Zebras (Equus quagga)

Die Zebraform **Quagga** (Abb. 17-2) wurde bereits in der Besiedelungszeit der südafrikanischen Kapprovinz durch die Buren um 1900 ausgerottet. Das letzte Quagga starb 1883 im Zoo von Amsterdam.

Abb. 17-2 Quagga

Zeichner: Matthias Haab, Zürich

In Südafrika ist man heute um seine Rückzüchtung bemüht.

1. Steppenzebras:

Die 3 wesentlichen Arten sind:

Böhm Zebra (Equus quagga boehmi) (Abb. 17-3)
Chapman Zebra (Equus quagga chapmani) (Abb. 17-4; 17-5)
Damara Zebra (Equus quagga antiquorum) (Abb. 17-6)

Die **Steppenzebras** (Abb. 17-3 bis 17-6) leben in offenen, grasbestandenen, trockenen Habitaten südlich der Sahara in dauerhaften, stabilen Familienverbänden mit einem ranghöchsten Hengst, nur er deckt die Stuten seiner Familie. Bedingt durch Futter- und Wasserangebot kommt es durch Zusammenschluss von Familien zu temporären großen Herden. Mit Ausnahme einiger Unterarten sind Steppenzebras in ihrem Bestand nicht bedroht. Damarazebras (Abb. 17-5) kommen nur in zwei kleinen Restpopulationen in Nordnamibia und im östlichen Südafrika vor. Die Streifen sind schwarzbraun mit Schattenstreifen. Nur die Hintergliedmaßen besitzen in Höhe der Fersenbeinhöcker eine schwache Streifung.

Abb. 17-3 bis 17-6 Darstellung der drei Steppenzebraarten, zu erkennen an der unterschiedlichen Streifung.

Abb. 17-3 Böhm Zebra

Zeichner: Matthias Haab, Zürich

Abb. 17-4 Chapman Zebra

Zeichner: Matthias Haab, Zürich

Abb. 17-5 Chapman-Steppenzebras am Wasserloch, Etosha National Park Namibia.

Aufnahme: Dr. Ewald Isenbügel, Greifensee

Abb. 17-6 Damara Zebra

Zeichner: Matthias Haab, Zürich

2. Bergzebras (Equus zebra)

Zu ihnen gehören:

Kap Bergzebras (Equus zebra zebra) (Abb. 17-7)
Hartmann Bergzebras (Equus zebra hartmannae) (Abb. 17-8; 17-9)

Die **Bergzebras** (Abb. 17-7 bis 17-9) leben in Namibia und Angola in kleinen bis zehnköpfigen Familienverbänden mit Rangordnung, die nicht mit der Führungsrolle identisch sein muss. Junggesellengruppen sind häufig, der Bestand ist bedroht. Dank der Bemühungen der Stiftung Etusis der Ledermanns für das Bergzebra haben sich die Bestände nach dem Angolakrieg gut erholt. Die Zebrastreifung ist beim Bergzebra nicht durchgehend, der Unterbauch ist weiß.

Abb. 17-7 und 17-8: Vergleichende Darstellung der beiden Bergzebrarassen, zu unterscheiden an der unterschiedlichen Streifung.

Abb. 17-7 Kap Bergzebra

Zeichner: Matthias Haab, Zürich

Abb. 17-8 Hartmann Bergzebras

Zeichner: Matthias Haab, Zürich

Abb. 17-9 Hartmann Bergzebras, Mountain Zebra Reserve Etusis Stiftung Namibia.

Aufnahme: Prof. Dr. Ewald Isenbügel, Namibia

3. Grevy Zebras

Die **Grevy Zebras** (Abb. 17-10) sind mit einer Widerristhöhe von 160 cm die größte Zebraart und leben in einem kleinen Gebiet von Nordkenia und Südsomalia. Sie sind stark bedroht.

Ihr Fortpflanzungsverhalten unterscheidet sich von dem der Steppenzebras und gleicht dem der Halbesel. Hengste etablieren bis 10 km^2 große Paarungsreviere, die von den Stuten aufgesucht werden, es gibt keine dauerhaften Beziehungen zwischen erwachsenen Tieren.

Abb. 17-10 Grevy Zebra

Zeichner: Matthias Haab, Zürich

17.3 Wildesel

Afrikanische Wildesel waren nach Ende der Eiszeit vor 10.000 Jahren über ganz Nordafrika verbreitet. Im Sozialverhalten sind die Wildeselhengste territorial, Stuten und Junghengste ab 4 Jahren bilden instabile Gruppen.

Zu ihnen gehören:

Somali Wildesel (Equus africanus somaliensis) (Abb. 17-11; 17-12)
Nubischer Wildesel (Equus africanus africanus) (Abb. 17-13)

1. Somali Wildesel (Abb. 17-11; 17-12) kommen noch in kleinen Populationen in Eritrea, Aethiopien und Nordsomalia vor. Der stark bedrohte Bestand wird auf 3000 Tiere geschätzt. Neben Lebensraumverlust sowie Jagd in Kriegsgebieten bedeutet die Vermischung mit Hauseseln eine Gefahr für ihr Überleben.

Abb. 17-11 Somali Wildesel

Zeichner: Matthias Haab, Zürich

Abb. 17-12 Somali Wildesel Zoo Basel. Der Zoo Basel, CH besitzt die größte Zuchtgruppe von Somali Wildesel und führt das internationale Zuchtbuch.

Aufnahme: Prof. Dr. Ewald Isenbügel, Zürich

2. Nubische Wildesel (Abb. 17-13) mit dem markanten Schulterkreuz und die Unterart des ausgestorbenen Atlas Wildesel waren die Stammformen heutiger Hauseselrassen.

Auch der nubische Wildesel ist seit Anfang des 20. Jhd. wahrscheinlich ausgestorben. Vereinzelt gesichtete Tiere im östlichen Sudan werden als Kreuzungen mit Hauseseln angesehen.

Abb. 17-13 Nubischer Wildesel

Zeichner: Matthias Haab, Zürich

17.4 Asiatische Halbesel

Halbesel (Abb. 17-14 bis Abb. 17-19) sind eine asiatische Einhufergruppe mit je nach Taxonomie mehreren Unterarten. Es handelt sich also nicht, wie oft angenommen, um Kreuzungen von Pferden und Wildeseln.

Es werden heute folgende Unterarten unterschieden:

Kiang, Tibetischer Halbesel (Equus kiang hemionus) (Abb. 17-14; 17-15)
Onager, Iranischer Halbesel (Equus hemionus) (Abb. 17-16)
Dschiggetai, Mongolischer Halbesel (Equus hemionus hemionius) (Abb. 17-17)
Kulan, Turkmenischer Halbesel (Equus hemionus kulan) (Abb. 17-18)
Achdari, Syrischer Halbesel (Equus hemionus hemippus)
Khur, Indischer Halbesel (Equus hemionus khur) (Abb. 17-19)

1. **Kiang,** Tibetischer Halbesel

Als einzige Einhuferart bewohnt der **Kiang** (Abb. 17-14; 17-15) in drei Unterformen die tibetische Hochebene bis 5600 m Höhe. Der Bestand wird auf 20.000 Tiere geschätzt und wird als verletzlich eingestuft.

Abb.17-14: Kiang

Zeichner: Matthias Haab, Zürich

Abb. 17-15 Junggesellengruppe des **tibetischen Kiangs**

Aus: Gertrud Denzau/Helmut Denzau, Wildesel. Jan Thorbecke Verlag, Stuttgart 1999, mit freundlicher Genehmigung übernommen.

2. **Onager,** Iranischer Halbesel

Onager (Abb. 17-16) wurden im 3. Jahrtausend bei den Sumerern als Zugtiere vor Streitwagen eingesetzt, mehr als tausend Jahre vor der Domestikation des Pferdes.

Durch Zunahme der Landwirtschaft wurde der Lebensraum des Onager auf Restbezirke der zentraliranischen Wüsten der Provinz Khorsam, Kerman und Fars eingeschränkt. Fast alle heute noch wildlebenden Tiere befinden sich in Nationalparks und Wildreservaten. Der Bestand wird auf 500 Tiere geschätzt. Onager wurden mit Erfolg in der Negevwüste in Israel angesiedelt.

Abb. 17-16 Onager

Zeichner: Matthias Haab, Zürich

3. Dschiggetai, Mongolischer Halbesel

Der Bestand der in der Mongolei und Nordchina lebenden **Dschiggetai Halbesel** (Abb. 17-17) wird auf 7000 Tiere geschätzt. Mit einer Widerristhöhe von 130 cm ist diese Unterart der größte Halbesel. In den feuchteren Gebieten der Nordmongolei lebt eine dunklere Form als in den Wüstengebieten der Südmongolei und den chinesischen Gebieten Sinkiang und Kansu.

Abb. 17-17 Dschiggetai

Zeichner: Matthias Haab, Zürich

4. Kulan, Turkmenischer Halbesel

Das einstige Verbreitungsgebiet des **Kulan** (Abb. 17-18) waren die Halbwüsten Kazachstans östlich des Kaspischen Meeres. Durch intensive Schutzbemühungen hat sich der fast ausgerottete Bestand der Kulane im Süden Turkmenistans wieder auf 5000 Tiere dieser extrem scheuen Halbeselart erholt.

Kulane wurden erfolgreich auf der Insel Barsa Kelmes im Aralsee angesiedelt.

Abb. 17-18 Kulan

Zeichner: Matthias Haab, Zürich

5. Achdari, Syrischer Halbesel

Die kleinste Halbeselart mit 100 cm Wiederristhöhe war einst in Saudiarabien, Iran und der Türkei verbreitet. Das letzte Tier starb 1929 im Zoo Schönbrunn.

6. Khur, Indischer Halbesel

Der sehr hell bis weißlich gefärbte **Khur** (Abb. 17-19) lebt im Verlandungsgebiet des östlichen Indusdeltas im Ran von Kutsch im Gliedstaat Gujarat. Seine Fellfarbe tarnt ihn in den weißen Salzwüsten vorzüglich, es gibt noch ca. 2000 Tiere mit starkem Rückgang der Bestände.

Abb. 17-19 Kuhr

Zeichner: Matthias Haab, Zürich

17.5 Hausesel

Die von nordafrikanischen, ausgestorbenen Wildeselarten abstammenden vielen Rassen der heutigen Hausesel sind weltweit die zahlenmäßig häufigste Einhuferart. Übertreffen sie doch nach Angaben der FAO den Weltpferdebestand um das Vierfache mit einer hohen Dunkelziffer. Die Hauptbestände sind in Asien, Afrika, Indien und Südamerika als Trag- oder Reittiere und als Fleischlieferanten anzutreffen.

Abb. 17-20 Großesel der Rasse Martina Franke aus Italien

Besitzer und Aufnahme: Reit- und Fahrtouristik Rensch, 17279 Lychen

17.5.1 Kreuzungen

Kreuzungen unter den Halbeselarten kommen auch in überlappenden Lebensräumen nicht vor. Das Abjagen von frei lebenden mongolischen Hauspferdestuten durch Przewalskihengste war mit ein Grund für ihre Verfolgung.

Auf 4500 Jahre B.C. datierende Ausgrabungsfunde in Aleppo, Syrien und ihre genetischen Untersuchungen belegten frühe Kreuzungen zwischen domestizierten Hauseselstuten und Wildeselhengsten, den sagenumwobenen **Kugas.**

17.5.2 Zebroide

Als Zebroide werden Hybriden innerhalb der Gattung Pferde aus Kreuzungen zwischen einem Zebra und einer anderen Pferdeart bezeichnet. Wegen der einfacheren Aufzucht wird als Vatertier meistens ein Zebrahengst eingesetzt. Wie die meisten Hybride aus verschiedenen Arten sind auch Zebroide meist nicht fortpflanzungsfähig, da die Chromosomenzahlen der Elterntiere nicht übereinstimmen.

Zebroide kommen mit wenigen Ausnahmen nur in menschlicher Haltung vor. Bei der Namensgebung wird die Abkürzung für den Vater zuerst benutzt, deshalb wird das Kreuzungsprodukt Zebra/Pferd als Zorse (Kofferwort aus zebra und horse) bezeichnet. Eine Kreuzung zwischen Zebra und Esel wird Zebrule (von zebra und mule) oder eingedeutscht Zesel bzw. Zebresel genannt.

Abb. 17-21 Zebroid: Hartmann Bergzebrahengst und Basutostute

Etusis Bergzebrastiftung Karibib Namibia
Aufnahme: Prof. Dr. Ewald Isenbügel, Zürich

Abb. 17-22 Kreuzungsprodukt Zebrahengst/Eselstute, wird im Englischen **Zonkey** genannt

17.6 Unterschiede im Verhalten von Pferden und Eseln

Wildesel und Halbesel werden in Zoologischen Gärten selten gehalten, mit Ausnahmen wie in Schönbrunn, Wien und Hellabrunn, München. Der Grund ist verhaltensbedingt. Territorialverhalten einzelner Arten, das rüde Deckverhalten der Eselhengste mit langer Treibephase und häufigen Bissverletzungen der Stuten in beschränkten Haltungsverhältnissen und überwiegende Hengstgeburten lassen nur wenige Institutionen Przewalskipferde, Wild- oder Halbesel halten.

Halbesel zeigen ohne geeigneten Gehegeboden in großen Anlagen starkes Hufüberwachstum.

Obwohl Koliken bei **Eseln** und **Wildequiden** sehr selten sind, besteht der größte Unterschied zwischen Pferden und Eseln sowie Wildequiden im Futterbedarf. Esel und Wildequiden sind an wenig nährstoffhaltiges Rauhfutter angepasst, welches in den langen Wintern mit minus 50° C wie in der tibetanischen Hochebene von Kiangs auf langen Wanderungen freigescharrt werden muss. Die Straßenesel in Kairo leben zum Teil von Karton und Papierabfällen. Hufrehe kann somit futterprovoziert leicht auftreten.

Literatur

Kapitel Einleitung

Camargo, S. C., Rechsteiner, S. F., Macan, R. C., Kozicki, L. E., Gastal, M. O., Gastal E. L. (2020): The mule (Equus mulus) as a recipient of horse (Equus caballus) embryos: comparative aspects of early pregnancy with mares. Theriogenology, Mar 15; 145, 217–225

Niedersächsisches Ministerium für Ernährung, Landwirtschaft und Verbraucherschutz (2020): Empfehlung zur Haltung von Eseln, 2. Auflage: 10. Einsatz von Eseln im Herdenschutz, Seite 26

Scheckesel: Video: (You Tube): https://youtu.be/JHHSzVeM3MY, Frequenz: 5:06/7:22

ZIMS-Datenbank von Species 360 Global information serving conservation, Taxonomy List, Seite 1

Kapitel 1 Rassen und Größen, Gewichtsermittlung und Altersschätzung

Aparicio, G. (1961): Eselrassen und -kreuzungen. In Handbuch der Tierzüchtungen, 199–206. Parey Verlag, Berlin-Hamburg

Duncan, J. and Hadrill, D. (2008): Appendices in: The Professional Handbook of the Donkey, 4th ed., 401–403, Whittet Books

Evans, L., Baedt, G. L. (2020): The Clinical Companion of Donkey Dentistry, The Donkey Sanctuary, Appendix 3: Donkey Weight Estimator, 216, Appendix 4: Body Scoring, 217

Flade, J. E. (2000): Die Esel. Neue Brehm-Bücherei, Bd. 638

Hafner, M. (2002): Esel halten, 47, 67, Ulmer, Stuttgart

Hutchins, B. and Hutchins, P. (1981): The Definitiv Donkey, 4, Hee Haw Book Service

Pearson, R. A. and Quassat, M. (1996): Estimation of the live weight and body condition of working donkeys in Morocco. Veterinary Record 138, 229–233

Pearson, R. A. and M. Quassat (2000): A GUIDE TO LIVE WEIGHT ESTIMATION AND BODY CONDITION SCORING OF DONKEYS, Centre for Tropical Veterinary Medicine, University of Edinburgh. Internet: Body Condition Score of Donkey

Person, J. (2013): Esel, ein Portrait, 120–141, Matthes & Schwarz, Berlin

Riede, P. (2009) in: Das wissenschaftliche Bibellexikon im Internet: bibelwissenschaft.de: Maultier, keine Seitenzahlangabe

Schwarz, B., Anen, C. (2014): Eselmedizin – Basiswissen, CVE Pferd 3, 3, Veterinär Verlag

Smith, D. C. (2016): The Book of Donkeys, Chapter Three, Breeds and Types, 15–31, 1st ed. Lyons Press, Guilford, Connecticut

Kapitel 2 Haut (siehe auch Kap. 14: Haut als Organ)

Bhardwaj, R. L., Sharma, D. N., Archana,- (1999): GROSS ANATOMY OF THE SKIN OF INDIAN ASS & IT'S APPENDAGES. Centaur: Vol. XV No 3, 79–82

Gerardy, C., Cabaraux, J.-F. (2016): Le signalement des équidés, Confédération Belge du Cheval. https://orbi.uliege.be/bitstream/2268/194415/1/Le%20signalement%20des%20%C3%A9quid%C3%A9s%20vademecum.pdf

Grilz-Seger, Gertrud & Utzeri, Valerio & Ribani, Anisa & Taurisano, Valeria & Fontanesi, Luca & Brem, Gottfried. (2020): Known loci in the KIT and TYR genes do not explain the depigmented white coat colour of Austro-Hungarian Baroque donkey. Italian Journal of Animal Science. 19. 739-743. 10.1080/1828051X.2020.1790997

Grilz-Seger, G. (2022): Farbgenetische Untersuchungen zum weißen österreichisch-ungarischen Barockesel. Hippo-Logos Schriften über das Pferd, keine Seitenzahlangabe

Grilz-Seger, G. (keine Jahreszahl, E-Mail: gertrud.grilz@vetmeduni.ac.at)

Farbgenetik beim Barockesel.pdf

https://s873c3a1cf56d5bef.jimcontent.com

Pedigree- und farbgenetische Untersuchungen beim österreichisch-ungarischen weißen Barockesel. Bericht der im Rahmen des BMNT FORSCHUNGSPROJEKTES „FARBGEN 101332" durchgeführten Studien zur Farbgenetik beim Österreichisch-Ungarischen Weißen Barockesel 1-17

Grosbois, F. (2006): Fiches techniques identification, Procédure d'identification Les ânes, mulets, bardots Bases réglementaires : Décret n°76-352 du 15 avril 1 976 modifié. Librairie des Haras nationaux. Les écuries du Bois 61310 LE PIN AU HARAS. https://cbc-bcp.be/wp-content/uploads/2016/10/IDE_28_PROCEDURE_ANES_MULETS_BARDOTS_02.pdf

Hafner, M. (2002): Esel halten, 76, Ulmer Stuttgart

Hutchins, B. (1984): The Donkey in Veterinary Practice. Equine Practice 6 (1), 8–12

Muliohren: Video: You Tube: MULAS E BURROS (Mula de marcha Picada marcha batida – Burro de marcha batida e picada), Frequenz: 3:20/4:15 Video: You Tube: orgulho de ser Pêga, ABCJPÊGA, Frequenz: 0:22/2:30

Otterstedt, C. (Hrsg.) (2020): Esel, in: Schriftenreihe, zur Mensch-Tier-Beziehung, Nr. 42, Stiftung Bündnis Mensch & Tier, Bremen

Rast, A. (1920): Studien über das Haarkleid, den Haarwechsel und die Haarwirbel des Pferdes, Diss. Bern

Smith, D. C. (2009): The Book of Mules, Chapter Nine: Mules in Competition, 83, 1st ed.: Lyons Press, Guilford, Connecticut

Utzeri, V. J., Bertolini, F., Ribani, A., Schiavo, G., Dall'Olio, S. and Fontanesi, L. (2016): The albinism of the feral Asinara white donkeys (Equus asinus) is determined by a missense mutation in a highly conserved position of the tyrosinase (TYR) gene deduced protein. Anim Genet, 47: 120–124. https://doi.org/10.1111/age.12386

Vogel, M. (1942): Haarwirbel des Pferdes, Diss. Berlin

Wiegmann, K. (1920): Haarwirbel bei Pferden, Diss. Hannover

Kapitel 3 Kopf

Evans, L., Crane, M., Preston, E. (2021): The Clinical Companion of The Donkey. The Donkey Sanctuary, 2nd ed., pp 226

Weiterführende Literatur Schädel

Merkies, K., Paraschou, G., Mcgreevy, P. D. (2020): Morphometric Characteristics of the Skull in Horses and Donkeys-A Pilot Study. Animals 10 (6), 1002

3.1 Angesichtshautmuskel

Hermann. C. L. (2009): The Anatomical Differences between the Donkey and the Horse. Veterinary Care of Donkeys, International veterinary Information Service, Ithaca NY, Last update 09. APR. 2015

3.2 Nasengänge

Bolz, N., Jackson, M. (2019): Der Esel als Patient. Der Praktische Tierarzt 100, 359–366

El-Gendy, S. A. A., Alsafy, M. A. M., El Sharaby, A. A. (2014): Computed tomography and sectional anatomy of the head cavities in donkey (Equus asinus). Anat Sci Int 89, 140–150

Fores, P., Rodriguez, A. et al. (2001): Endoscopy of the upper airways and the proximal digestive tract in the donkey (Equus asinus). J. Equine Vet. Sci. 21, 17–20

Weiterführende Literatur Nasengänge

Attia, M.: (1984): Anatomical study on the distribution of V. sphenopalatina in the nasal cavity of the donkey. Assiut Veterinary Medical Journal 13 (25), 313–320

Lindsay, F. E. F., Clayton, H. M. and Pirie, M. E. S. (1979): Functional anatomy of the vomero-nasal organ in the horse and donkey. Assiut Veterinary Medical Journal 8 (2), 185

Lindsay, F. E. F., Clayton, H. M. and Pirie, M. E. S. (1987): The vomeronasal organ of the horse and donkey. Journal of Anatomy, 127 (3), 655

3.3 Nasennebenhöhlen

Ackerknecht, E. (1974): Das Eingeweidesystem, in: Ellenberger/Baum: Handbuch der vergleichenden Anatomie der Haustiere, 18. Auflage, 486

Baum, H. (1894): Die Nasenhöhle und ihre Nebenhöhlen (Stirn- und Kieferhöhle) beim Pferde. Archiv für wissenschaftliche und praktische Thierheilkunde, 20, 89–170

El Guindy, M. H., Ahmed, A. K., Selim, S. M. (1985): Anatomical and radiological studies on the frontal and maxillary sinuses of farm animals. I. Family Equidae. Assiut Veterinary Medical Journal 15, 183–188

El-Gendy, S. A. A., Alsafy, M. A. M., El Sharaby, A. A. (2014): Computed tomography and sectional anatomy of the head cavities in donkey (Equus asinus). Anat Sci Int 89, 140–150

Jenny, H. (2010): Approche practique de l'ane pour le veterinaire. Thesis, Lyon

McMullen, R. J., Gilger, B. C. (2017): Diseases and surgery of the lens In: Gilger B. C., ed. Equine Ophthalmology, 417.

Solano, M., Brawer, R. S. (2004): CT of the equine head: technical considerations, anatomical guide and selected diseases. Clin Tech Equine Prac 3, 374–388

Wissdorf, H., Otto, B., Huskamp, B. (2010): Naseneingang, Nasenhöhle und Nasennebenhöhlen in: Wissdorf, Gerhards, Huskamp, Deegen: Praxisorientierte Anatomie und Propädeutik des Pferdes, 3. Aufl., 197–207, Schaper Verlag

3.4 Nebenorgane Auge

Adams, M. F., Castro, J. R., Morandi, F., Reese, R. E., and Reed, R. B. (2013): The nasolacrimal duct of the mule: Anatomy and clinical considerations. Equine vet. Educ. 25 (12), 636–642

Alsafy, M. A. M. (2010): Comparative Morphological Studies on the Lacrimal Apparatus of One Humped Camel, Goat and Donkey. Journal of Biological Sciences 10, 224–230

Burnham, S. L. (2002): Anatomical Differences of the Donkey and Mule. AAEP, 48, 102–109

Herman, C. L. (2009): The Anatomical Differences between the Donkey and the Horse. Veterinary Care of Donkeys, International Veterinary Information Service, Ithaca NY Last updated 09. APR. 2015

Hutchins, B. (1984): The donkey in veterinary practice. Equine Pract. 6 (1), 8–12

Krishnamurthy, D., Peshin, P. K., Nigam, J. M., Sharma, D. N., Kumar, R. (1981): Radiographic visualization of the nasolacrimal duct in domestic animals. Indian Journal of Animal Sciences, 51 (6), 646–651

Pohlmeyer, K., und Wissdorf, H. (1975): Anatomische Grundlagen zur Spülung der tränenabführenden Wege des Hausesels. Dtsch. Tierärztl. Wochenschr. 82, 314–316

Said, A. H., Shokry, M., Saleh, M. A., Hegazi, A. A. (1977): Contribution to the nasolacrimal duct of donkeys in Egypt. Anat Histol Embryol 6(4), 347–350

Wissdorf. H., Otto B., Gerhards, H. (2010): Nebenorgane des Auges in: Wissdorf, Gerhards, Huskamp, Deegen: Praxisorientierte Anatomie und Propädeutik des Pferdes, 3. Auflage, 91–111, Schaper Verlag

Wouters, L., De Moor, A. (1978): Congenitale en verworven AAndoeningen van de Traanafvoerwegen bij het Paard. Vlaams Diergeneeskundig Tijdschrift, 47 (2), 122–143

Weiterführende Literatur Nebenorgane Auge

Hifny, A., Misk, N. A. (1980): Anatomy of the tendons of insertion of the extrinsic muscles of the eyeball in the donkey mule and horse. Assiut Veterinary Medical Journal 7 (13/14), 201–211

Hifny, A., Misk, N. A. S. (1982): A comparative study of the surgical anatomy of the tendons of insertions of the extrinsic muscles of the eyeball in different domestic animals. Anat Histol Embryol 11 (1): 19–26

Hutchins, B. and Hutchins, P. (1981): The Definitive Donkey, 218, Hee Haw Book Service

3.5 Augapfel und Sehnerv

Barone, R. and Simoens, P. (2010): Organe de la vision (Oeil et ses annexes), in: Anatomie compare des mammiferes domestiques. Tome 7, Neurologie II, 645, Edit. Vigot, Paris.

Donisa, A., Muste, A., Beteg, F. and Krupaci, A. (2009): Morphological characteristics of horse and donkey eye fundus. Scientific Works- University of Agronomical Sciences and Veterinary Medicine, Bucharest Series C Veterinary Medicine 55 (2), 149–154

El-Bab, M. R. F., Misk, N. A., Hifny, A., Kaasem, A. M. (1982): Surgical anatomy of the lens in different domestic animals. Anat Histol Embryol 11 (1), 27–31

Laus, F., Paggi, E., Marchegiani, A., Cerquetella, M., Saziante, D., Faillace, V., Tesei, B. (2014): Ultrasonographic biometry of the eyes of healthy adult donkeys. Veterinary Record 174, 325–326

Zayed, A. E., Aly, K., Ibrahim, I. A. A., Kotb, A. M. (2012): Comparative morphology of the iris of donkey (Equus asinus) and buffalo (Bos bubalis). Journal of Veterinary Anatomy 5 (1), 75–90

Weiterführende Literatur Augapfel und Sehnerv

Pachten, A., Gerhards, H. (2006): Digitale Fundusphotographie am Auge des Pferdes. Pferdeheilk. 22 (1), 5–11

El-Bab, M. R. F., Misk, N. A., Hifny, A., Kassem, A. M. (1982): Surgical anatomy of the lens in different domestic animals. Assiut Veterinary Medical Journal 10 (19), 37–41

3.6 Klinisch bedeutsame Kopfgefäße

3.6.1 Arterien

Ahmed, M., Anis, H., Moustafa, M. (1985): Arteria linguofacialis of the donkey (Equus asinus). Anat. Histol. Embryol. 14 (1), 47–53

Herman, C. L. (2009): The Anatomical Differences between the Donkey and the Horse. Veterinary Care of Donkeys, International Veterinary Information Service, Ithaca NY Last updated 9. Nov.; A2906.1109

Matthews, N. (2008): ANAESTHESIA AND SEDATION in: Svendsen, E., Ducan, J.: The Professional Handbook of the Donkey, Whittet Books, 294

Schaller, O. (1992): Illustrated Veterinary Anatomical Nomenclature, Page 266–267, Enke, Stuttgart

3.6.2 Venen

Ahmed, M., Anis, H., Moustafa, M. (1985): Veins of the head and neck of the donkey (Equus asinus) Anat Histol Embryol 14, 149–157

Herman, C. L. (2009): The Anatomical Differences between the Donkey and the Horse. Veterinary Care of Donkeys, International Veterinary Information Service, Ithaca NY Last updated 09. APR. 2015

Weiterführende Literatur Gefäße Kopf

Ahmed, M., Anis, H., Moustafa, M. (1984): Arteria maxillaris of the donkey (Equus asinus) Anat Histol Embryol 13, 333–340

Ahmed, M., Anis, H., Moustafa, M. (1985): Arteria linguofacialis of the donkey (Equus asinus) Anat Histol Embryol 14, 47–53

3.7 Luftsack

Alsafy, M. A. M., El-Kammar, M. H. and El-Gendy, S. A. A. (2008): Topographical Anatomy, Computed Tomography, and Surgical Approach of the Guttural Pouches of the Donkey, J. Equine Vet. Sci. 28 (4), 215–222

Fores, P., Lopez, J., Rodriguez, A., Harrán, R. (2001): Endoscopy of the upper airways and the proximal digestive tract in the donkey (Equus asinus). J. Equine Vet. Sci. 21, 17–20

Ghazi, S. M., Mobini, B. and Afsharzadeh, M. R. (2012): Topographical and Morphological Anatomy of the Guttural Pouches of the Domestic Donkey (Equus asinus). Global Veterinaria 9 (6), 691–695

Weiterführende Literatur Luftsack

Abdel-Rahman, Y. A., Salem, A. O., Abou-Elmagd, A. (1994): Morphological studies on the guttural pouch of donkey. 1. The lining epithelium. Assiut Veterinary Medical Journal 32 (63), 16–30

Abdel-Rahman, Y. A., Abou-Elmagd, A., Salem, A. O. (1995): Morphological studies on the guttural pouch of donkey. 2. The subepithelial glands. Assiut Veterinary Medical Journal 32 (64), 39–51

3.8 Ohrspeicheldrüse und Ohrspeicheldrüsenlymphknoten

Nigam J., Krishnamurthy D., Kumar R. et al. (1981): Retrograde parotid sialography. Haryana Agric Univ J Research, 11, 143–151.

Ali, A., Saber, A., Mansour, A. (1987): Lymphocenters of head and neck of the donkey (Equus asinus). Assiut Veterinary Medical Journal (18), 22–29

3.9 Unterkiefer und Unterkieferlymphknoten

Archana Sharma, D. N. (2002): Applied anatomy of the mandible of Indian ass (Equus asinus). Assiut Veterinary Medical Journal 19 (1), 10–13

Burnham, S. L. (2002): Anatomical Differences of the Donkey and Mule. AAEP 48, 102–109

Weiterführende Literatur Unterkiefer

Monfared, A. L. (2013): Anatomy of the Mandibular and Maxillo-facial regions of the Iranian donkeys and its clinical implications during regional anesthesia. Global Veterinaria 10 (6), 658–662

3.10 Retropharyngeale Lymphknoten, Nll. retropharyngeales

Ali, A., Saber, A., Mansour, A. (1987): Lymphocenters of the head and neck of the donkey (Equus asinus). Assiut Vet Med J. 18 (36), 22–29

Herman, C. L.: The Anatomical Differences between the Donkey and the Horse. Veterinary Care of Donkeys, International Veterinary Information Service, Ithaca NY, Last update 09. APR. 2015

3.11 Zähne

Abdalla, K. E. H. (1991): The teeth of the lower jaw in donkey, buffalo and camel. Assiut Veterinary Medical Journal, 23 (46), 1–11

Amin, A. E., Kasem. M. M. (1987): Topographical anatomical studies on the teeth with special references to some surgical affections in donkey and horse. Assiut Veterinary Medical Journal 18, (35), 211–218

Archana Sharma, D. N. (2002): Applied anatomy of the mandible of Indian ass (Equus asinus). Centaur 19 (1), 10–13

Arnauovic, I., Osman, F. A. (1985): Morphological studies on the cheek teeth of the donkey (Equus asinus). Acta Veterinaria Yugoslavia 35 (3), 175–184

Bartmann, C. P., Bienert-Zeit, A. (2019): Diagnose, klinische Bedeutung und Therapie von Polyodontien bei Pferd und Maultieren. Der Praktische Tierarzt 100 (12), 1252–1259

Bartmann, C. P., Wissdorf, H., Glitz, F., Staszyk, C., Deegen, E. (2010): Kennzeichen, Signalement in: Wissdorf, Gerhards, Huskamp, Deegen: Praxisorientierte Anatomie und Propädeutik des Pferdes, 3. Aufl., 843–855, Schaper Verlag

Bünger, I. und Hertsch, B. (1981): Das Gebiß des Hausesels (Equus asinus asinus L.). Morphologische und röntgenologische Untersuchungen. Anat Histol Embryol 10, 61–86

Cornevin, M., et Lesbre, F.-X. (1894): l'âge des animaux domestiques, 163–170, Paris

Crane, M., Inglis, B. (1997): In Svendsen, E. D. (ed): The Professional Handbook of the Donkey , 3rd ed., 29–31, Whitted Books Limited London

Du Toit, N., Kempson, S. A., Dixon, P. M. (2008): Donkey dental anatomy. Part 1: Gross and computed axial tomography examinations. The Veterinary Journal 176 (3), 338–344

Du Toit, N., Kempson, S. A., Dixon, P. M. (2008): Donkey dental anatomy Part 2: Histological and scanning electron microscopic examinations. Veterinary Journal 176 (3), 345–353

Evans, L., BEADT, G. L. (2020): Ageing the Donkey in: The clinical companion of donkey dentistry, The Donkey Sanctuary, 1st ed., 39–41

Glitz, F., Bartmann, C. P., Deegen, E., Wissdorf, H. und Staszyk, C. (2010): Verdauungsorgane einschließlich Bauchwand und Bauchhöhle in: Wissdorf, H., Gerhards, H., Huskamp, B. und Deegen, E.: Praxisorientierte Anatomie und Propädeutik des Pferdes 929–934

Herman, C. L. (2009): The Anatomical Differences between the Donkey and the Horse. Veterinary Care of Donkeys, International Veterinary Information Service, Ithaca NY Last updated 09. APR. 2015

Küpfer, M. (1936): Backenzahnstruktur und Molarenentwicklung bei Esel und Pferd. Schweiz. Landw. Monatsh. 14, 231–248

McMullan, W. C. (1983): Dental criteria for estimating age in the horse. Equine Practice 5, 36–43

Misk, N. A., Seilem, M. A. (1994): Radigraphic studies on the development of cheek teeth in donkeys. Assiut Veterinary Medical Journal 31 (61), 293–319

Misk, N. A., Seilem, M. A. (1997): Radiographic studies on the development of cheek teeth in donkeys. Equine Pract. 19 (2), 27–38

Misk, N. A., Semieka, S. M. (1997): Radiographic studies on the development of incisors and canine teeth in donkeys. Equine Practice 19 (7), 23–29

Mohammed, S. (2000): Anatomical studies on the upper cheek teeth and their relation with maxillary sinus in postnatal donkeys. Assiut Veterinary Medical Journal 43, 31–51

Mohammed, S., Abdel-Mohsen, M. (2000): Morphological and morphometrical studies on the lower cheek teeth of the postnatal donkeys. Assiut Veterinary Medical Journal 43, 52–72

Muylle S., Simoens P., Lauwers H. and Van Loon G. (1999): Age Determination in Mini-Shetland Ponies and Donkeys, J. Vet. Medicine 46, 421–429.

Rodrigues, J. B., Sanroman-Llorens, F., Bastos, E., San Roman, F. and Viegas, C. (2013): Polyodontia in donkeys. Equine Vet. Educ. 25 (7), 363—367

Schwarz, B., Anen, C. (2014): Eselmedizin – Basiswissen, CVE Pferd 3, 24–26, Veterinär Verlag

Thünker, F., Christoffers, C. (2020): Oligodontie und Zahnfehlstellung mit Komplikationen bei einem Esel. Der Praktische Tierarzt 101 (02), 156–163

Voigt, C. (2019): Persönliche Mitteilung am 27. 11. 2019, 19.35 Uhr Tierärztliche Hochschule Hannover

Zwick, T. (2012): Okklusionsoptimierung, Leipziger Tierärztekongress-Tagungsband 2, 233–236

Weiterführende Literatur Zähne

American Association of Equine Practitioners (1966): Official Guide for Determining the Age of the Horse, 1st ed. Fort Dodge, Iowa

Burden, F. A., du Toit, N., Thiemann, A. K. (2013): Nutrition and dental care of donkeys. In Practice 35, 405–410

Dixon P. M. et al. (1999): Equine dental disease Part 2: A longterm study of 400 cases: disorders of development and eruption and variations in position of the cheek teeth. Equine Vet Journal 31, 519–528

Dupont, M. (1901): L'âge du Cheval. Librairie J. B. Bailliere, Paris

Du Toit, N. (2008): An anatomical, pathological and clinical study of donkey teeth. PhD Thesis, University of Edinburgh

Du Toit, N., Bezensek, B., Dixon, P. M. (2008): Comparison of the microhardness of enamel, primary and regular secondary dentine of the incisors of donkeys and horses. Veterinary Record 162 (9), 272–275

Du Toit, N., Burden, F. A. and Dixon, P. M. (2008): Clinical dental findings in 203 working donkeys in Mexico. Vet. J. 178 (3), 380–386

Du Toit, N., Burden, F. A. and Dixon, P. M. (2009): Clinical dental examinations of 357 Donkeys in the UK. Part 1: prevalence of dental disorders. Equine Vet. J. 41 (4), 390–394

Du Toit, N., Burden, F. A. and Dixon, P. M. (2009): Clinical dental examinations of 357 Donkeys in the UK. Part 2: Epidemiological studies on the potential relationships between different dental disorders, and between dental disease and systemic disorders. Equine Vet. J. 41 (4), 395–400

Du Toit, N. and Dixon, P. M. (2012): Common dental disorders in the donkey. Equine Vet. Educ. 24 (1), 45–51

Du Toit, N., Gallagher, J., Burden, F. A. and Dixon, P. M. (2008): Post mortem survey of dental disorders in 349 donkeys from an aged population (2005–2006) Part 1: prevalence of specific dental disorders. Equine Vet. J. 40 (3), 204–208

Du Toit, N., Gallagher, J., Burden, F. A. and Dixon, P. M. (2008): Post mortem survey of dental disorders in 349 donkeys from an aged population (2005–2006) Part 2: Epidemiological studies. Equine Vet. J. 40 (3), 209–213

Englisch, L. M., Rott, P., Lüpke, M., Seifert, H. and Stascyk, C. (2018): Anatomy of equine incisors: Pulp horns and subocclusal dentine thickness. Equine Veterinary Journal 50 (6), 854–860

Evans, L., BAEDT, G. L. (2020): The Clinical Companion of Donkey Dentistry. The Donkey Sanctuary, 1. ed., 28–36

Frateur, J. L. (1922): De Ouderdomsbepaling van het Paard door het Gebit. E. Marette, Brussel

Habermehl, K. H. (1981): Wie sicher ist die Altersbestimmung beim Pferd? Berl. Münch. Tierärztl. Wschr. 94, 167–171

Mc Mullan, W. C. (1983): Dental criteria for estimating age in the horse. Equine Practice 5, 36–43

Mohamed, S. A. (2000): Anatomical Studies on the upper Cheek Teeth and their Relation with Maxillary Sinus in postnatal Donkeys. Assiut Vet. Med. J. 43 (86), 31–51

Mohamed, S. A. and Abdel-Mohsen, M. (2000): Morphological and morphometrical Studies on the lower Cheek Teeth of the postnatal Donkeys. Assiut Vet. Med. J. 43 (86), 52–72

Mueller, P. J., Protos, P., Houpt, K. A. and Van Soest, P. (1998): Chewing behavior in the domestic donkey (Equus asinus) fed fibrous forage. Appl. Anim. Behav. Sci. 60, 241–251

Muylle, S., Simoens, P., Lauwers H. (1996): Aging horses by examination of their incisor teeth: an (im)possible task? Vet. Rec. 138, 295–301

Muylle, S., Simoens, P., Lauwers, H. and van Loon, G. (1997): Ageing draft and trotter horses by their dentition. Vet. Rec. 141, 17–20

Muylle, S., Simoens, P., Lauwers, H. and van Loon, G. (1998): Aging Arab horses by their dentition. Vet. Rec. 142, 650–662

Muylle, S., Simoens, P. Lauwers, H. (1999a): Age-related Morphometry of Equine Incisors. Journal of Veterinary Medicine, A 46: 633–643.

Muylle, S., Simoens, P., Lauwers, H. and van Loon, G. (1999b): Age Determination in Mini-Shetland Ponies and Donkeys. Journal of Veterinary Medicine, A 46: 421–429.

Muylle, S., Simoens, P., Verbeeck, R., Ysebaert, M. T. and Lauwers, H. (1999c): Dental wear in horses in relation to the microhardness of enamel and dentine. The Veterinary Record, 144: 558–561.

Muylle, S. (2000): Ageing. In: G. J. Baker and J. Easley, Equine Dentistry, pp. 35–46, W.B. Saunders.

Muylle, S., Simoens, P. and Lauwers, H. (2002a): The distribution of intratubular dentine in equine incisors: a scanning electron microscopic study. Equine Veterinary Journal, 34 (3): 230–234.

Muylle, S., Simoens, P. and Lauwers, H. (2002b): A study of ultrastructure and staining characteristics of the „dental star" of equine incisors. Equine Veterinary Journal, 34 (3): 230–234.

Possmann Dias, D. (2005): Die Altersschätzung des Pferdes auf Grund morphologischer Veränderungen an den Zähnen. Eine Literaturstudie mit einem Lernprogramm zur Zahnaltersschätzung. Ludwig-Maximilians-Universität München, Diss.

Richardson, J. D., Lane, J. G. and Waldron, K. R. (1994): Is dentition an accurate indication of the age of a horse? Vet Rec. 135, 31–34

Richardson, J. D., Cripps, P. J., Hillyer, M. H., O'Brien, J. K., Pinsent, P. J. N. and Lane, J. G. (1995): An evaluation of the accuracy of ageing horses by their dentition: a matter of experience? Vet. Rec. 137, 88–90

Wissdorf, H., Bartmann, C. P., Staszyk, C., Otto, B., Gerhards, H. (2010): Zähne und ihr Halteapparat, in: Wissdorf, Gerhards, Huskamp, Deegen: Praxisorientierte Anatomie und Propädeutik des Pferdes, 3. Aufl. 156–189, Schaper Verlag

3.12 Zunge

Abd-Elmaeim, M. M. M., Zayed, A. E., Leiser, R. (2002): Morphological characteristic of the tongue and its papillae in the donkey (Equus asinus). A light and scanning electron microscopical study. Ann. of Anat. 184, 473–480

Jackowiak, H., Jerbi, H., Skieresz-Szewczyk, K., Prozorowska, E. (2017): LM and SEM Studies on Tongue and Lingual Papillae in the Donkey (Equus asinus) In book: Microscopy and imaging science: practical approaches to applied research and education. Microscopy books series. Publisher: Formatex, Editors: A. Méndez-Vilas, Ed. pp. 216–222.

Thomé, H.: Mundhöhle und Schlundkopf, (1999) in: Nickel, Schummer, Seiferle: Lehrbuch der Anatomie der Haustiere, Band II, 8. Aufl. Eingeweide, 75, Parey Verlag

3.13 Rachen

Burnham, S. L. (2002): Anatomical Differences of the Donkey and Mule. Am. Assoc. Equine Pract. (AAEP) Proceedings 48, 102–109

Fores, P., Lopez, J., Rodriguez, A. et al. (2001): Endoscopy of the upper airways and the proximal digestive tract in the donkey (equus asinus). J. Equine Vet. Sci. 21, 17–20

Herman, C. L. (2009): The Anatomical Differences between the Donkey and the Horse. Veterinary Care of Donkeys, International Veterinary Information Service, Ithaca NY Last updated 09. APR. 2015

Lindsay, F. E. F. and Clayton, H. M. (1986): An anatomical and endoscopic study of the nasopharynx and larynx of the donkey (Equus asinus), J. Anat. 144, 123–132

3.14 Kehlkopf

Abdel-Rahman, Y. A. (1994): Vasculature of the larynx in dog, goat and donkey. Assiut Veterinary Medical Journal 30 (60), 21–38

Abdel-Rahman, Y. A., Ahmed, A. K., Badawi, H. (1994): Comparative studies of the nerve supply of the larynx in dog, goat and donkey. Assiut Veterinary Medical Journal 30 (59), 1–11

Burnham, S. L. (2002): Anatomical Differences of the Donkey and Mule. Am. Assoc. Equine Pract. (AAEP) Proceedings 48, 102–109

Fores, P., Rodriguez, A. et al. (2001): Endoscopy of the upper airways and the proximal digestive tract in the donkey (equus asinus). J. Equine Vet. Sci. 21, 17–20

Fulton, I. C., Anderson, B. H., Stick, J. A. and Robertson J. T. (2012): Larynx in: J. Auer, A. Stick: Equine Surgery, 4th ed. 592–623

Herman, C. L. (2009): The Anatomical Differences between the Donkey and the Horse. Veterinary Care of Donkeys, International Veterinary Information Service, Ithaca NY Last updated 09. APR. 2015

Lindsay, F. E. F. and Clayton, H. M. (1986): An anatomical and endoscopic study of the nasopharynx and larynx of the donkey (Equus asinus), J. Anat. 144, 123–132

Schwarz; B., Anen, C. (2014): Eselmedizin - Basiswissen. CVE Pferd 3, 4, Veterinär Verlag

Kapitel 4 Hals

4.1 Haut und subkutanes Gewebe

Hafner, M. (2002): Esel halten, 65, Ulmer

Hutchins, B. and Hutchins, P. (1981): The Definitiv Donkey, 218, Hee Haw Book Service

4.2 Wirbel

Hifny, A., Ahmed, A. K. and Amnsour, A. A. (1984): The Relation between the vertebral column and spinal cord in Equus asinus. Assiut Veterinary Medical Journal 12 (23), 3–8

Jamdar, M., Ema, A. (1982): A note on the vertebral formula of the donkey. British Vet J 138, 209–211

Weiterführende Literatur Wirbel

Bolz, N. und Jackson, M. (2019): Der Esel als Patient. Der Praktische Tierarzt, 100, (04), 359–366

Burnham, S. L. (2002): Anatomical Differences of the Donkey and Mule. AAEP 48, 102–109

Herman, C. L. (2009): The Anatomical Differences between the Donkey and the Horse. Veterinary Care of Donkeys, International Veterinary Information Service, Ithaca NY Last updated 09. APR. 2015

4.3 Luftröhre

Mair, T. S. and Lane, J. G. (1990): Tracheal obstruction in two horses and a donkey. Vet Rec 126, 303–304

Powell, R. J., du Toit, N., Burden, F. A., Dixon P. M. (2010): Morphological study of tracheal shape in donkeys with and without tracheal obstruction. Equine Veterinary Journal 42, 136–141

4.4 Schilddrüse

Jain, R. K. and Yashwant Singh (1985): Topographic anatomy and biometry of the thyroid gland in donkeys (Equus asinus). Indian Journal of Animal Sciences 55 (12), 1032–1034

Weiterführende Literatur Schilddrüse

Herman, C. L. (2009): The Anatomical Differences between the Donkey and the Horse. Veterinary Care of Donkeys, International Veterinary Information Service, Ithaca NY Last updated 09. APR. 2015

Sayed, R. and Maburak, W. (2009): Morphological study of ultimobranchial Remnants in the Thyroid Gland of Donkey (Equus asinus). Assiut Veterinary Medical Journal 55 (122), 24–47

4.5 Speiseröhre

Herman, C. L. (2009): The Anatomical Differences between the Donkey and the Horse. Veterinary Care of Donkeys, International Veterinary Information Service, Ithaca NY Last updated 09. APR. 2015

4.6 Halshautmuskel und äußere Drosselrinnenvene, Punktion

Bolz, N., und Jackson, M. (2019): Der Esel als Patient. Der Praktische Tierarzt 100 (4), 359–366

Evans, L., Crane, M., Preston, E. (2021): The Clinical Companion of The Donkey. The Donkey Sanctuary, 2nd ed., pp 250–251

Hermann. C. L. (2009): The Anatomical Differences between the Donkey and the Horse. Veterinary Care of Donkeys, International veterinary Information Service, Ithaca NY, Last update: 09. APR. 2015

Schwarz; B., Anen, C. (2014): Eselmedizin – Basiswissen. CVE Pferd 3, 4, Veterinär Verlag

4.7 Halslymphknoten

Ali, A., Saber, A., Mansour, A. (1987): Lymphocenters of head and neck of the donkey (Equus asinus). Assiut Veterinary Medical Journal (18), 22–29

Kapitel 5 Rumpf

5. 1 Haut und subkutanes Gewebe

Hafner, M. (2002): Esel halten, 65, Ulmer, Stuttgart

Hutchins, B. and Hutchins, P. (1981): The Definitiv Donkey, 218, Hee Haw Book Service

5.2 Wirbel

Burnham, S. L. (2002): Anatomical Differences of the Donkey and Mule. AAEP Proceedings 48, 102–109

Evans, L., Crane, M., Preston, E. (2021): The Clinical Companion of The Donkey. The Donkey Sanctuary, 2nd ed., pp 123

Hanbücken, F-W. und Dahmen, D. (2011): Pferdeskills, 3. Auflage, 187, Schattauer

Herman, C. L. (2009): The Anatomical Differences between the Donkey and the Horse. Veterinary Care of Donkeys, International Veterinary Information Service, Ithaca NY, Last updated 09. APR. 2015

Hifny, A., Ahned, A. K., and Mansour, A. A. (1982): Anatomy of Spinal Segments of Donkey (Equus Asinus). Assiut Vet. Med. J. 10 (19), 15–23

Jamdar, M., Ema, A. (1982): A note on the vertebral formula of the donkey. British Vet J 138, 209–211

Saber, A. S. (2008): Numerical Variation of the Sacral Segments in the Donkey (Equus asinus). J. Vet. Anat. (1), 54–58

Shoukry, M., Saleh, M., Fouad, K. (1975): Epidural anaesthesia in donkeys. Vet. Rec. 97, 450–452

Weiterführende Literatur Wirbel

Matthews, N. (2010): Donkeys-not just small horses. Large animal. Proceedings of the North American Veterinary Conference, Orlando, Florida, USA, 16-20 January, 208–210

5.3 Brustbein

Wissdorf, H., Eigene Befunde, unveröffentlicht

5.4 Brustmuskulatur

Evans, L., Crane, M., Preston, E. (2021): The Clinical Companion of The Donkey. The Donkey Sanctuary, 2nd ed., pp 123

5.5 Bauchmuskeln und ihre arterielle Versorgung

Wissdorf, H., Gerhards, H., Huskamp. B. (2010): Rumpfwand in: Wissdorf, Gerhards, Huskamp, Deegen: Paxisorientierte Anatomie und Propädeutik des Pferdes, 3. Auflage, 329–347, Schaper Verlag

Kapitel 6 Gliedmaßen

6.1 Stellung beider Gliedmaßenpaare

Bartmann, C. P. und Pietta, D. (2020): Hufpflege und Hufbeschlag bei Eseln und Maultieren in: Litzke, L.-F.: Der Huf, 7. Auflage, 358–364, Enke

Friedrich, T. (2005): Esel und Mulihufe, Kapitel II: Beurteilung von Huf und Gliedmaßen, 19–28. BOD Herstellung und Verlag Books on Demand GmbH

6.2 Schultergliedmaßen

6.2.1 Haut und subkutanes Gewebe

Hafner, M. (2002): Esel halten, 65, Ulmer, Stuttgart

6.2.2 Hautbildungen

Friedrich, T. (2005): Esel und Mulihufe, BOD Herstellung: Verlag: Books on Demand, GmbH, 33

Hifny, A. and Misk, N. A. (1983): Anatomy of the hoof in Donkeys, Assiut Veterinary Medical Journal 10 (20), 2–8

Josseck, H., Zenker, W., Geyer, H. (1995): Hoof horn abnormalities in Lipizzaner horses and the effect of dietary biotin on macroscopic aspects of hoof horn quality. Equine vet. J. 27 (3), 175–182

Neurand, J. (2021): persönliche Mitteilung des Schmiedemeisters über Erneuerungszeiten der Hufe von Warmblutpferden und Islandpferden. 16.12.2021, 18:23 Uhr

Thiemann, A. K., Richards, K. (2013): Donkey hoof disorders and their treatment. In Practice 35, 134–140

Vilsmaier, A. (2005): Untersuchungen zur Hufform und zum Hufhornwachstum beim Esel (Equus asinus). Univ. Leipzig, Vet.-Med. Fak., Diss.

Zenker, W., Josseck, H., Geyer, H. (1995): Histological and physical assessment of poor hoof horn quality in Lipizzaner horses and a therapeutic trial with biotin and a placebo. Equine vet. J. 27 (3), 183–191

6.2.3 Knochen der Schultergliedmaße

Weiterführende Literatur Humerus

Archana Sharma, D. N. (2000): Comparative functional anatomy of the humerus of Indian Ass (Equus asinus). Centaur (Mylapore) 17 (1), 7–9

6.2.3.1 Unterarmknochen

Kumar, S., Dhingra, L. D., Yashwant, S. (1981): Anatomy of the ulna of Indian ass, Haryana Veterinarian 20 (1), 49–51

Rajesh, Rajput, Sharma, D. N., Bhardwaj, R. L., Archana Sharma, D. N. (1999): Osteology of the antebrachium of ass (Equus asinus). Centaur (Mylapore) 15 (4), 110–113

6.2.3.2 Vorderfußwurzelknochen

Alistar, A., Predoi, G., Belu, C. and Vlagioiu, C. (2010): Anatomical and radiological particularities of the autopodium at the domestic solipedes. Scientific Works-University of Agronomical Sciences and Veterinary Medicine, Bucharest Series C, Veterinary Medicine 56 (3/4), 1–5

Kumar, P., Singh, K. and Kumar, S. (1992): Radiographic study on the joints of thoracic limb in ass (Equus asinus). Indian Journal of Veterinary Surgery 13 (1), 27–28

6.2.3.3 Vordermittelfußknochen

Adams, R. and Poulos, P. W. (1988): A Skeletal Ossification Index for Neonatal Foals. Vet. Radiol. 29, 217–222

Alistar, A., Predoi, G., Belu, C. and Vlagioiu, C. (2010): Anatomical and radiological particularities of the autopodium at the domestic solipedes. Scientific Works-University of Agronomical Sciences and Veterinary Medicine, Bucharest Series C, Veterinary Medicine 56 (3/4), 1–5

Butler, J. A., Colles, C. M., Dyson, S. J., Kold, S. E., Poulos, P. W. (2008): Clinical radiology of the horse. 3. ed. Fusion times of physes and sutures lines. Oxford: Blackwell Science, 71

Said, A. H., Khamis, Y., Mahfouz, M. F., El-Keiey, M. T. (1983): Angiographic appearance of the metacarpus, phalanges and foot of the donkey. Zentralblatt für Veterinärmedizin, Reihe A 30 (10), 788–795

6.2.3.4 Fesselbein

Alves et. al. (2009): Angiographic aspect of the distal forelimb in donkeys (Equus asinus) used for animal traction. Biotemas, 22 (4), 163–167

Said, A. H., Khamis, Y., Mahfouz, M. F., El-Keiey, M. T. (1983): Angiographic appearance of the metacarpus, phalanges and foot of the donkey. Zentralblatt für Veterinärmedizin, Reihe A 30 (10), 788–795

6.2.3.5 Hufbein

Alves et. al. (2009): Angiographic aspect of the distal forelimb in donkeys (Equus asinus) used for animal traction. Biotemas 22 (4), 163–167

Said, A. H., Khamis, Y., Mahfouz, M. F., El-Keiey, M. T. (1983): Angiographic appearance of the metacarpus, phalanges and foot of the donkey. Zentralblatt für Veterinärmedizin, Reihe A 30 (10), 788–795

Schwarz, B., Anen, C. (2014): Eselmedizin - Basiswissen. CVE Pferd 3, 16–17, Veterinär Verlag

6.2.3.6 Hufrolle

Abdalla, K. E. H. (1995): Radiological anatomical study on the navicular bursa of donkey, cattle buffalo and camel. Assiut Veterinary Medical Journal 33 (66), 1–8

6.2.4 Sesambeinbänder

Zayed, A. E. and Mohamed S. A. (2002): Morphological Studies on the Sesamoidean Ligaments of the manus and pes in Donkey. Assiut Veterinary Medical Journal 47 (94), 42–58

6.2.5 Schleimbeutel und Sehnenscheiden

Abdalla, K. E. H., Youssef, H. A., Alam El-Din, M. A. and Mansour, A. A. (1988): Radiological and anatomical studies on the tendon sheaths of the extensor muscles of the manus in Donkeys. Assiut Veterinary Medical Journal 19 (38), 2–6

Abdalla, K. E. H., Mansour, A. A., Yousset, H. A., El-din, M. A.A. (1988): Surgical anatomical studies on the tendon sheaths of the flexor muscles of the manus in donkey. Assiut Veterinary Medical Journal, 19 (38), 19–24 M.V.Sc. (Anatomy)

Attia, M. and Othman, G. M. (1986): Pilot studies on the techniques for arthrocentesis and intraarticular and intrabursal injections in donkey. Assiut Veterinary Medical Journal 17 (34), 2–10

Hifny, A., Ibrahim, I. A., Mansour, A. A., Taha, M. (1988): Surgical anatomical studies on the synovial bursae of the shoulder in donkey (Equus asinus). Assiut Veterinary Medical Journal 20 (39), 1–7

Taha, M. (1987): Surgical anatomical studies on some synovial bursae in Donkey. M.V.Sc. Thesis Fac. Vet. Med. Assiut University

6.2.6 Schultergelenk

Saleh, A.S. (1995): Double contrast arthrography of the shoulder joint in donkeys. Assiut Veterinary Medical Journal 33 (66), 176–182

Weiterführende Literatur Gelenke

Alsafy, M. A. M., El-Gendy, S. A. A., Abu-Ahmed, H. M. (2015): Articulacion del Carpo del Asno (Equus asinus): Investigacion Morfolégica International Journal of Morphology 33 (3), 948–954

Amin, M. E., Elbakary, R. M. A., Alsafy, M. A. M., Fathi, N. (2014): Radiographic and computed tomographic anatomy of the fetlock, pastern and coffin joints of the manus of the donkey. Alexandria Journal of Veterinary Sciences 41, 68–79

Collins, S. N., Dyson, S. J., Murray, R. C., Burden, F., Trawford, A. (2011): Radiological anatomy of the donkeys foot: Objective characterization of normal and laminitic donkeys foot. Equine Veterinary Journal 43, 478–486

Crane, M. (2008): The Donkey's Foot. In: Svendsen, E. D.: The Professional Handbook of the Donkey. 4. Ed. Whittet Books, 188–201

Kumar, P., Singh, K. and Kumar, S. (1992): Radiographic study on the joints of thoracic limb in ass (Equus asinus). Indian Journal of Veterinary Surgery 13 (1), 27–28

Saber, A. S., Bolbol, A. E. (1987): The joint capsule of the distal interphalangeal joint in Equidae – an anatomical surgical study. Journal of the Egyptian Veterinary Medical Association 47 (1/2), 555–561

6.2.7 Muskulatur

6.2.7.1 M. interosseus medius

Zayed, A. E. and Mohamed S. A. (2002): Morphological Studies on the Sesamoidean Ligaments of the manus and pes in Donkey. Assiut Veterinary Medical Journal 47 (94), 42–58

6.2.8 Arterien

Alves, F. R. et al. (2009): Angiographic aspect of the distal forelimb in donkeys (Equus asinus) used for animal traction. Biotemas 22 (4), 163–167

6.2.9 Nerven

Weiterführende Literatur Nerven

Abdalla, K. E. H., Ahmed, I. H., Mohamed, S. A. and Sleim, M. A. (1992): Anatomical study on the radial nerve in donkey with special reference to its paralysis. Assiut Veterinary Medical Journal 28 (55), 46–55

Fouad, K., EL-Mahdy, M. M., Ibrahim, I. M., Shehata, A. (1989): Studies on neuroanastomosis of the radial nerve in equines. Egyptian Journal of Comparative Pathology and Clinical Pathology 2 (2), 115–137

Mohamed, S. A., Abdalla, K. E. T., Taha, M., Abdel-Rahman, Y. A. B. (1993): Median and ulnar nerves in donkey. Assiut Veterinary Medical Journal 28 (56), 1–14

6.3 Beckengliedmaßen

6.3.1 Haut und subkutanes Gewebe

Hafner, M. (2002): Esel halten, 65, Ulmer, Stuttgart

6.3.2 Hautbildungen

Friedrich, T. (2005): Esel und Mulihufe, BOD Herstellung: Verlag: Books on Demand, GmbH, 33

Hifny, A. and Misk, N. A. (1983): Anatomy of the hoof in Donkeys. Assiut Veterinary Medical Journal 10 (20), 2–8

Thiemann, A. K., Richards, K. (2013): Donkey hoof disorders and their treatment. In Practice 35, 134–140

Vilsmaier, A. (2005): Untersuchungen zur Hufform und zum Hufhornwachstum beim Esel (Equus asinus). Univ. Leipzig, Vet.-Med. Fak., Diss.

6.3.3 Knochen der Beckengliedmaße

6.3.3.1 Oberschenkelknochen

Krishnamurthy, D., Sharma, D. N., Singh, G. R., Tyagi, R. P. S. (1977): The stifle joint blood vascular pattern of farm animals in health and with patellar fixation. A radiologic investigation. Journal of the American Veterinary Radiology Society 18 (5), 153–158

Lambate, S. B., Pachpande, A. M., Dhande, P. L., Ghule, P. L., Kachave, C. D. (2010): Comparative gross anatomical study of femur in adult horse and Indian donkey. (Equus asinus). Indian Journal of Veterinary Anatomy 22 (2), 63–65

6.3.3.2 Hintermittelfußknochen

Alistar, A., Prrdoi, G., Belu, C., Georgescu, B., Vlagioiu, C. (2011): Anatomical and radiological particularities of the pelvic autopodium at the domestic solipedes. Scientific Works- University of Agronomical Sciences and Veterinary Medicine, Bucharest Series C, Veterinary Medicine 57 (39), 189–193

Bradley, O. C. (1946): The topographical Anatomy of the Limbs of the Horse. 2nd ed., 161, W. Green -& Son, Edinburgh

Butler, J. A., Colles, C. M., Dyson, S. J., Kold, S. E., Poulos, P. W. (2008): Clinical radiology of the horse. 3. ed. Fusion times of physes and sutures lines. Oxford: Blackwell Science, 712

6.3.4 Sesambeinbänder

Zayed, A. E. and Mohamed S. A., (2002): Morphological Studies on the Sesamoidean Ligaments of the manus and pes in Donkey. Assiut Veterinary Medical Journal 47 (94), 42–58

6.3.5 Schleimbeutel und Sehnenscheiden

Hifny, A., Ibrahim, I. A., Mansour, A. A. and Taha, M. (1988): The morphology of the synovial bursae of the hip region in donkey (Equus asinus). Assiut Veterinary Medical Journal, 19 (38), 7–13

Weiterführende Literatur Schleimbeutel und Sehnenscheiden

Hifny, A., Mansour, A. A., Ibraham, I. A., Taha, M. (1988): Anatomical and radiographic studies on the synovial bursae of the stifle region in donkey. Assiut Veterinary Medical Journal 19 (38), 15–18

Mohamed, S. A., (2002): Digital tendon sheath of the pes in the donkey and its relation with the adjacent synovial structures. Assiut Veterinary Medical Journal 47 (94), 59–71

6.3.6 Gelenke

6.3.6.1 Sprunggelenk

Alam EL-Din, M. A., Aly, M. A., Youssef, H. A., Abdel-Moneim, M. E. (1986): Surgical anatomy of the Tarsal Joint in Donkey. Assiut Veterinary Medical Journal 17 (34), 25–32

Attia, M. and Othman, M. (1986): Pilot studies on the techniques for arthrocentesis and intra-articular and intra-bursal Injections. Assiut Veterinary Medical Journal, 17 (34), 3–10

6.3.6.2 Kniegelenk

Abumandour, M. M. A., Bassuoni, N. F., El-Gendy, S., Karkoura, A., El-Bakary, R. (2019): Comparative morphological studies of the stifle menisci in donkeys, goats and dogs. Journal of Morphological Sciences, 36 (02), 72–84

Abumandour, M. M. A., Bassuoni, N. F., El-Gendy, S., Karkoura, A., El-Bakary, R. (2020): Cross-anatomical, radiographic and computed tomographic study of the stifle joint of donkeys (Equus africanus asinus). Anat Histol Embryol 49, 402–416

Krishnamurthy, D., Sharma, D. H., Singh, G. R., Tyagi, R. P. S. (1977): The stifle joint blood vascular pattern of farm animals in health and with patellar fixation: a radiologic investigation. Journal of the American Veterinary Radiology Society, 18 (5), 153–158

El-Bakary, R. (1993): Comparative anatomical and clinical studies on the stifle joint of the mule and donkey. Zagazig Veterinary Journal (Egypt) 21, 580–595

6.3.7 Muskulatur

6.3.7.1 M. interosseus medius

Sharma, D. N. , Virender Pathak Paramasivan, Arachna, S. (2001): Anatomy of the suspensory ligament of French donkey. Centaur, 17 (3), 52–54

Zayed, A. E. and Mohamed S. A. (2002): Morphological Studies on the Sesamoidean Ligaments of the manus and pes in Donkey. Assiut Veterinary Medical Journal 47 (94), 42–58

Kapitel 7 Gangarten

Andrade, L. S. (1980): O cavalo marchador e seu julgamento. Equinos 35, 46–70

Andrade, L. S. (1984): O adamento in: L. S. Andrade: Criacao e Adestramento de Cavalos Marchadores. Recife, 65–77

Andrade, L. S. (1987): A biomecania da marcha. O Cavalo Marchador 2, 99–102

Attar, C. (1993): The Mule Companion: A Guide to Understanding the Mule. 3rd ed. Portland. OR: Partner Communications.
Braun, S. (2023): Islandpferde „ticken“ anders. VETimpulse 32. Jahrgang Ausgabe 3, Pferdepraxis, Seite 6
Brookshier, F. (1972): The Burro. Norman, OK. University of Oklahoma Press
Hauer, J. (2005): The Natural Superiority of Mules. 1st ed. Guilford, CT: The Lyons Press
Hussni, C. A. (1994): Analyse der Gangart Marcha bei Pferden der Rasse Mangalarga Marchador. Diss. Tierärztliche Hochschule Hannover
Isenbügel, E. (1975): Anatomische und züchterische Voraussetzungen für die Gangart Tölt. Verhb. AID Land- Hauswirtschaftl. Infodienst, Bonn, 41–45
Isenbügel, E. (2010): Bewegungsabläufe bei Gangartenpferden in: Wissdorf, H., Gerhards, H., Huskamp, B., Deegen, E.: Praxisorientierte Anatomie und Propädeutik des Pferdes, 3. Aufl., 619–631, Schaper Verlag
Riede, P. (2009) in: Das wissenschaftliche Bibellexikon im Internet: bibelwissenschaft.de: Maultier, keine Seitenangabe
Rink, B. (1991): Adamento marchado-conformacao ou vocacao? O Cavalo Marchador 42, 10–11
Smith, D. C. (2016): The Book of Mules: Chapter 9: Mules in Competition, 13, Lyons Press
Teatini, F. (1982): O consenso das marchas do mangalarga. Equinos 47, 10
Wissdorf, H. (1990): Darstellung der Gangarten Marcha Batida, Marcha Picada und Tölt der brasilianischen Mangalarga-Marchadores als Hilfe zur Lahmheitsdiagnostik bei Gangartenpferden. Pferdeheilkunde 32, 273–276
Wissdorf, H. und Severin, D. (1992): Wie marschieren sie denn? Freizeit im Sattel 34, 78–79

Kapitel 8 Organe der Brusthöhle

8.1 Luftröhre

Mair, T. S. and Lane, J. G. (1990): Tracheal obstruction in two horses and a donkey. Vet Rec 126, 303–304
Powell, R. J., du Toit, N., Burden, F. A., Dixon, P. M. (2010): Morphological study of tracheal shape in donkeys with and without tracheal obstruction. Equine Veterinary Journal, 42, 136–141

Weiterführende Literatur Luftröhre

Schlesinger, R. B., McFadden, L. A. (1981): Comparative morphology of the upper bronchial tree in six mammalian species. Anatomical Record, 199 (1), 99–108

8.2 Lunge

Ehrsam, H. (1957): Die Lappen und Segmente der Pferdelunge und ihre Vaskularisation. Diss. Vet. Med. Fak., Zürich, Diss.

Osman, F. A. and Zaid, M. S. (1986): Topographical anatomical studies on the pulmonary veins in the donkey (Equus asinus). Assiut Veterinary Medical Journal, 17 (34), 19–22

Weiterführend Literatur Lunge

Osman. F. A. Y. und Münster, W. (1978): Zur Innervation der Lunge von Hund, Katze, Schaf und Esel. Anat Histol Embryol 7 (4), 365

Vandecasteele, T. et al.: (2016): Topography and ultrasonographic identification of the equine pulmonary vein pattern. Vet. Journal 210, 17–23

8.3 Herz

Ozgel, O., Halgur, A., Dursun, N, Karakurum, E. (2004): The macroanatomy of coronary arteries in donkeys (Equus asinus L.). Anat Histol Embryol 33 (5), 278–283

Weiterführende Literatur Herz

Dorsum, N. (1977): Etudes macro-anatomiques sur le Coeur et les artères de l'âne (equus asinus) (sauf la cavité abdominale). Ankara Univ. Vet. Fak. Derg. 24, 342–360

Haligur, A. and Dorsum, N. (2009): Morphological and morphometrical investigation of the Musculus papillaris and Chordae tendineae of the Donkey (Equus asinus). Journal of Animal and Veterinary Advances. 8 (4), 726–733

Yadm, Z. A. (1993): Origin, course and distribution of the venae cordis in the donkey (Equus asinus). Assiut Veterinary Medical Journal 28 (56), 15–26

8.4 Lymphknoten

Ali, A. M. A., Saber, A. S., Mansour, A. A., Ibrahim, I. A. (1984): Lymphocenters of the thoracic limb and thoracic cavity of the donkey (Equus asinus). Assiut Veterinary Medical Journal 13 (25), 321–337

Kapitel 9 Organe der Bauch- und Beckenhöhle ohne Geschlechtsorgane

9.1 Magen

Evans, L., Crane, M., Preston, E. (2021): The Clinical Companion of The Donkey. The Donkey Sanctuary, 2nd ed., page 226

Jerbi, H., Rejeb, A., Erdogan, S., and Perez, W. (2014): Anatomical and morphometric study of gastrointestinal tract of donkey (Equus africanus asinus). J. Morphol. Sci., 31 (1), 18–22

9.2 bis 9.7 Darm

Hutchins, B. and Hutchins, P. (1981): The Definitiv Donkey, 218, Hee Haw Book Service

Hutchins, B. (1984): The Donkey in Veterinary Practice. Equine Practice (6), 8–12

Jerbi, H., Rejeb, A., Erdogan, S., and Perez, W. (2014): Anatomical and morphometric study of gastrointestinal tract of donkey (Equus africanus asinus) J. Morphol. Sci., 31 (1), 18–22

Weiterführende Literatur Darm

Badawi, H., Abdelrahman, Y. A., Salm, A. O., Mohamed, A. M. (1999): Morphological studies on the colon and rectum of some domestic animals with special reference to the end form of the fecal matter. Assiut Veterinary Medical Journal 40 (80), 32–55

Claus, M. et al. (2008): An isthmus at the caecocolical junction is an anatomical feature of domestic and wild equids. European Journal of Wildlife Research, 54, 347–351

9.8 Leber

Möller, S., Wöckener, A., Puck Plötz, C. (2022): Update zur klinischen Labordiagnostik beim Esel. Tierärztliche Umschau, Pferd & Nutztier 1, 6–11

Möller, S. und Wöckener, A. (2022): Beachtenswertes bei der Labordiagnostik. Vet. Impulse 31, (17), 6

Schwarz, B., Anen, C. (2014): Eselmedizin – Basiswissen. CVE Pferd 3, 11–12, Veterinär Verlag

Weiterführende Literatur Leber

Burden, F. A., Du Toit, N., Hazell-Smith, E., Trawford, A. F. (2011): Hyperlipaemia in a population of aged donkeys: description, prevalence and potential risk factors. Journal of Veterinary Internal Medicine 25, 1420–1425

9.9 Mündungen der beiden Ausführungsgänge der Bauchspeicheldrüse

Jerbi, H., Rejeb, A., Erdogan, S. and Perez, W. (2014): Anatomical and morphometric study of gastrointestinal tract of donkey (Equus africanus asinus). J. Morphol. Sci., 31 (1), 18–22

Möller, S., Wöckener, A., Puck Plötz, C. (2022): Update zur klinischen Labordiagnostik beim Esel. Tierärztliche Umschau, Pferd & Nutztier 1, 6–11

9.10 Milz

In der zugängigen Literatur finden sich keinen Angaben zur Milz

9.11 Nieren

Jain, R. K. and Dhingra, L. D. (1986): The renal artery of Donkeys (Equus asinus). Indian Veterinary Journal, 63 (1), 24–26

Jain, R. K. and Dhingra, L. D. (1986): The renal vein in Donkey (Equus asinus). Indian Veterinary Journal 63 (6), 467–468

Osman, F. A., Ragab, S. A. (1987): Anatomical studies on the renal blood vessels of donkey (Equus asinus). Assiut Veterinary Medical Journal 18 (36), 6–14

Simić, V. (1984): Morphologische Unterscheidungsmöglichkeiten zwischen den Nieren des Pferdes und Maultieres gegenüber denen des Esels und Maulesels. Zbl. Vet. Med. C. Anat Histol Embryol 13, 189–192

Weller, U. (1964): Das Blutgefäßsystem der Niere des Pferdes (Equus caballus). Diss. Vet. Med., Gießen

Kapitel 10 Männliche Geschlechtsorgane

Abou-Elhamd, A. S., Salem, A. O., Selim, A. A. (2013): Histological and morphometrical studies on the ampulla of the deferent duct of donkey (Equus asinus) in different seasons. Journal of Advanced Veterinary Research 3 (4), 135–141

Carluccio, A. et al.(2004): Preliminary study on some seminal and testicular morphometric characteristics in Martina Franca jackass. Ippologia 15, 23–26

Hagstrom, D. J. (2004): Donkeys are Different: An Overview of Reproductive Variations from Horses. University of Illinois, Extension. January, 2004

Hughes I. A., Acerini C. L. (2008): Factors controlling testis descent. Europ. J. Endocrinol. 159, 75–82

Kreuchauf, A. (1983): Zum Fortpflanzungsgeschehen beim Esel (Equus asinus). LMU München, Diss.

Pugh, D. G. (2002): Donkey Reproduction. AAEP Proceedings 48, 113–114

Sprayson, T. and Thiemann, A. (2007): Clinical approach to castration in the donkey. In Practice, 29, 526–531

Tibary, A., Sghiri, A., Bakkoury, M. (2008): Reproduction in: The Professional Handbook of the Dokey, 4th ed., 323

Weiterführende Literatur männliche Geschlechtsorgane

Dhingra, L. D. (1979): Angiographic and gross anatomical studies on the angioarchitecture of testis of Indian donkey stallion. Haryana Agricultural University Journal of Research 9 (4), 366–372

Dhingra, L., D. (1980): Angioarchitecture of epididymidis of Indian donkey stallion. Indian Veterinary Journal 57 (4), 300–304

Fehlings, K. und Pohlmeyer, K. (1978): Die Arteria testicularis und ihre Aufzweigung in Hoden und Nebenhoden des Esel (Equus africanus f. asinus) Zbl. Vet. Med. C Anat Histol Embryol 7, 74–78

Howaida M. Abou-Ahmed, Mahmoud H. EL-Kammar, Mahmoud S. EL-Neweshy, Ramadan E. Abdel-Wahed (2012): Comparative Evaluation of Three In Situ Castration Techniques for Sterilizing Donkeys: Incision–Ligation (a Novel Technique), Section–Ligation–Release, and Pinhole. Journal of Equine Veterinary Science 32 (11), 711–718

Janett, F., Thun, R., Bettschen, S., Burger D., Hassig, M. (2003): Seasonal changes of semen quality and freezability in Franches-Montagnes stallions. Anim Reprod Sci 77 (3-4), 213–222

Janett, F., Thun, R., Niederer, K., Burger, D., Hässig, M. (2003): Seasonal changes in semen quality and freezability in the Warmblood stallion. Theriogenology 60 (3), 453–461

Laudinor, D., Primo, B. P., Vincente, B. (1991): The arterial system of the testes of donkeys of North Brazil. Ippologia 2 (4), 77–86

Möller, S., Wöckener, A., Puck Plötz, C. (2022): Update zur klinischen Labordiagnostik beim Esel. Tierärztliche Umschau, Pferd & Nutztier 1, 6–11

Möller, S. und Wöckener, A. (2022): Beachtenswertes bei der Labordiagnostik. Vet. Impulse 31, (17), 6

Pepe, M., Gialletti, R., Moriconi, F., Puccetti, M., Nannarone, S. and Singer, E. R. (2005): Laparoscopic Sterilization of Sardinia Donkeys Using an Endoscopic Stapler. Veterinary Surgery 34, 260–264

Thompson, D. L. Jr. (1992): Reproductive physiology of stallion and jack. Horse breeding and management 237–261

Kapitel 11 Weibliche Geschlechtsorgane

Abd-Elnaim, M. M., Zayed, A. E., and Leiser, R. (2001): The blood vasculature as the forming element of the uterus of the estrous donkey (Equus asinus). Ital. J. Anat. Embryol. 106, 307–315

Aggarwal, B. B., Stewart, F., Allen, W. R., Farmer, S. W., & Papkoff, H. (1980): Purification procedure A lyophilized sample of pooled serum (2812 ml), collected in Cambridge from five donkeys.

Hagstrom, Debra J. (2004): Donkeys are Different: An Overview of Reproductive Variations from Horses. University of Illinois, Extension. January, 2004

Heinze, H. (1972): Pelviskopie bei Pferd und Esel, Tierärztliche Hochschule Hannover, Diss

Hoffmann, B., Bernhardt, A. W., Failing, K., & Schuler, G. (2014): Profile von Estron, Estronsulfat und Progesteron während der Trächtigkeit beim Esel (Equus asinus). Tierärztliche Praxis Ausgabe G: Großtiere/Nutztiere, 42 (01), 32–39

Möller, S., Wöckener, A., Puck Plötz, C. (2022): Update zur klinischen Labordiagnostik beim Esel. Tierärztliche Umschau. Pferd & Nutztier 1, 6–11

Möller, S. und Wöckener, A. (2022): Beachtenswertes bei der Labordiagnostik. Vet. Impulse 31 (17), 6

Pentea, M., Vanda, C., Ganta,-. (2008): The comparative aspect of the female genital apparatus in Equus caballus domesticus, Equus asinus domesticus and Equus mulus. Lucrări Ştiinţifice-Universitatea de Ştiinţe Agronomice şi Medicină veterinară Bucureşti. Seria C, Medicina Veterinara 53, 393–397

Pugh, D. G. (2002): Donkey Reproduction. AAEP Proceedings, 48, 113–114

Renner-Martin, T. F. P., Forstenpointer, G., Weissengruber, G. E., Eberhardt; L. (2009): Gross anatomy of the female genital organs of the domestic donkey (Equus Asinus Linne, 1758). Anat Histol Embryol 38, 133–138

Rong, R., Chandley, A. C., Song, J., McBeath, S., Tan, P. P., Bai, Q. and Spreed, R. M. (1988): A fertile mule and hinny in China. Cytogenet Cell Genet 47 (3), 134–139

Vendramini, O. M., Guintard, C., Moreau, J. and Tainturier, D. (1998): Cervix conformation: a first anatomical approach in Baudet du Poitou jenny asses. Animal science, 66, 741–744

Weiterführende Literatur weibliche Geschlechtsorgane

Allen, W. R., Kydd, J. H., Boyle, M. S. and Antczak, D. F. (1987): Extraspecific donkey-in-horse pregnancy as a model of early fetal death. J. Reprod. Fertil Suppl. 35, 197–209

Allen, W. R., Kydd, J., Volsen, S. G., Antczak, D. F. (1986): Equine endometrial cups : maternal uterine responses following extraspecific embryo transfer between horses and donkeys. Journal of Anatomy 146, 233

Camargo, C. E., Rechsteiner, S. F., Macan, R. C., Kozicki, L. E., Gastal, M. O., Gastal E. L. (2020): The mule (Equus mulus) as a recipient of horse (Equus caballus) embryos: Comparative aspects of early pregnancy with mares. Theriogenology, Mar 15; 145, 217–225.

Dadarval, D., Tandon, S. N., Purohit, G. N., and Pareek, P. K. (2004): Ultrasonographic evaluation of uterine involution and postpartum follicular dynamics in French jennies (Equus asinus). Theriogenology 62, 257–264

Purdi, S. R. (2010): Ultrasound examination of the female miniature donkey reproductive tract. Large animal Proceedings of the North American Veterinary Conference, Orlando, Florida, USA, 16.–20. January, 257–261

Kapitel 12 Gehirn mit Hypophyse und Rückenmark

Burnham, S. L. (2002): Anatomical Differences of the Donkey and Mule. AAEP Proceedings, 48, 102–109

Evans, L., Crane, M., Preston, E. (2021): The Clinical Companion of The Donkey. The Donkey Sanctuary, 2nd ed., pp 216, 220

Hifny, A. Ahmed, A. K. Mansour, A. (1981): Relationship of medulla spinalis segments to corpus vertebrae in Equus asinus. Journal of the Egyptian Veterinary Medical Association 41 (3), 83–89

Hifny, A. Ahmed, A. K., Mansour, A. (1982): Anatomy of spinal cord segments of donkey (Equus asinus). Assiut Veterinary Medical Journal 10 (19), 15–23

Hifny, A., Hemmoda, A. S., Berg, R. (1984): Anatomical studies on the cerebellum of the donkey in Egypt. Gegenbaurs Morphologisches Jahrbuch, 130 (5), 707–717

Hifny, A., Hemmoda, A. K., Dougbage, A. (1985): Morphological study on the sulci of the neopallium of the donkey in Egypt. Assiut Veterinary Medical Journal 14 (28), 1–10

Merkies, K., Paraschou, G., Mcgreevy, P. D. (2020): Morphometric Characteristics of the Skull in Horses and Donkeys-A Pilot Study. Animals. 10 (6) 1002

Möller, S., Wöckener, A., Puck Plötz, C. (2022): Update zur klinischen Labordiagnostik beim Esel. Tierärztliche Umschau, Pferd & Nutztier 1, 6–11

Möller, S. und Wöckener, A. (2022): Beachtenswertes bei der Labordiagnostik. Vet. Impulse 31 (17), 6

Weiterführende Literatur Gehirn und Rückenmark

Aly, M. A., Anis, H., Moustafa, S. M. (1981): Morphological studies on the arterial supply of the brain of the donkey in Egypt. Assiut Veterinary Medical Journal, 8 (15/16), 3–5

Barone, R., Lazard, P. (1974): Tractus spinocerebellaris des Esels. Berliner und Münchener Tierärztliche Wochenschrift 87 (7), 125–127

Cozzi, B., Ferrandi, B. (1982): Structure of the horse and donkey pineal gland. Atti della Società Italiana delle Scienze Veterinarie 36, 150–152

Dugdale, A., Beaumont, G., Bradbrook, C. and Gurney, M. (2020): Veterinary Anaesthesia. 2nd ed., Wiley-Blackwell, Chichester, UK, Donkeys, pp 481–484

Gasse, H. (2010): Gehirn und Hirnnerven in: Wissdorf, H., Gerhards, H., Huskamp, B., Deegen, E.: Praxisorientierte Anatomie und Propädeutik des Pferdes, 3. Auflage, 293, Schaper Verlag

Matthews, N. and van Loon, J. P. A. M. (2013): Anaesthesia and Analgesia of the Donkey and the Mule. Equine Veterinary Education 25 (1), pp 47–51

Oto, C., Hazroglu, R. M. (2009): Macro-anatomical investigation of encephalon in donkey. Ankara Universitesi Veteriner Fakultesi Dergisi 56 (3), 159–164

Ozgel, O., Dursun, N., Oto, C. (2007): Arteries that supply the brain and the formation of circulus arteriosus cerebri in donkeys. Medycyna Weterynaryjna 63 (12), 1561–1563

Ozgel, O., Dursun, N., Oto, C. (2008): The morphology and arterial vascularization of the pineal gland in donkeys. Journal of Animal and Veterinary Advances 7 (11), 1511–1514

Kapitel 13 Blut

Evans, L. and Baedt, G. L. (2020): The Clinical Compendium of Donkeys Dentistry. The Donkey Sanctuary, 2020, Appendix 6, 219

Gehlen, H. (2017): Differenzialdiagnosen Innere Medizin beim Pferd, 435–440, Stuttgart: Enke Verlag

Schwarz, B., Anen, C. (2014): Eselmedizin – Basiswissen, CVE Pferd 3, 31, Veterinär Verlag. Referenzwerte Labor aus: The Professional Handbook of the Donkey, 4th ed. (2008) Appendix 1B, 381

Trachsel, D., Brehm, W., Tschudi, P. (2005): Reference values for haemotology and clinical chemistry in donkeys. Tierärztliche Praxis. Ausgabe G Großtiere/Nutztiere 33 (1), 55–60

Kapitel 14 Haut als Organ

Bhardwaj, R. L., Sharma, D. N. and Archana,-. (1999): Gross Anatomy of the Skin of Indian Ass and its Appendices. Centaur XV (3), 79–82

Knottenbelt, D. (2008): Skin Disorders in: The professional Handbook of the Donkey, 4th ed. Whittet books, 124–152

Lee, P. H., Ohtake, T., Zaiou, M., Murakami, M., Rudisill, J. A., Lin, K. H. and Gallo, R. L. (2005): Expression of an additional cathelicidin antimicrobial peptide protects against bacterial skin infection. Proc. Natl. Acad. Sci. U.S.A. 102, 3750–3755

Matthews, N. (2010): Donkeys-not just small horses. Large animal. Proceedings of the North American Veterinary Conference, Orlando, Florida, USA, 16-20 January 218–219

Meyer, W., Persönliche Mitteilung vom 6. 1. 2016

Nagase, N., Sasaki, A., Yamashita, K., Shimizu, A., Wakita, Y., Kitai, S. and Kawano, J. (2002): Isolation and species distribution of staphylococci from animal and human skin. J. Vet. Med. Sci. 64, 245–250

Reyes, G. F. and Aluja, A. S. de (2006): A quantitative and comparative study of sweat and sebaceous glands in donkeys and horses. Fifth International Colloquium on Working Equines. The future for working equines. Addis Ababa, Ethiopia

Riley, P. A.: (2003): Melanogenesis and melanoma. Pigment Cell Res. 16, 548–552

Westgate, S. J., Percival, S. L., Knottenbelt, D. C., Clegg, P. D., Cochrane, C. A. (2011): Microbiology of equine wounds and evidence of bacterial biofilms. Vet. Microbiol. 150, 152–159

White, S. (2013): Donkey Dermatology. Veterinary Clinics of North America 29 (3), pp 703–708

Kapitel 15 Vitalparameter

Evans, L., Crane, M., Preston, E. (2021): The Clinical Companion of The Donkey. The Donkey Sanctuary, 2nd ed., pp 191, 279

Glitz, F., Deegen, E. (2010): Allgemeine Untersuchung in: Wissdorf, H., Gerhards, H. Huskamp, B, Deegen, E.: Praxisorientierte Anatomie und Propädeutik des Pferdes, 3. Auflage, 857, Schaper Verlag

Trachsel, D., Brehm, W., Tschudi, P. (2005): Reference values for haemotology and clinical chemistry in donkeys. Tierärztliche Praxis. Ausgabe G Großtiere/Nutztiere 33 (1), 55–60

Kapitel 16 Transrektale Palpationsmöglichkeiten

Duffield, H. (2008): Colic in: The professional Handbook of the Donkey, 4th ed., 44

Kapitel 17 Die wilden Verwandten von Pferd und Esel

Antonius, O. (1951): Die Tigerpferde. Die Zebras. Monographien der Wildsäugetiere. Band XI. Paul Schöps Frankfurt/Main

Claude, C. (1998): Pferde in der Steppe und im Stall. Zoologisches Museum der Universität Zürich

Denzau, G. und H. (1999): Wildesel, Jan Thorbecke Verlag Stuttgart, 1999

Groves, C. P. (1974): Horses, Asses and Zebras in the wild, David and Charles, London

Krumbiegel, I. (1958): Einhufer, A. Ziemsen Verlag, Neue Brehm Bücherei, Wittenberg

Mohr, E. (1959): Das Urwildpferd, A. Ziemsen Verlag, Neue Brehm Bücherei, Wittenberg

Schomann, St. (2021): Auf der Suche nach den wilden Pferden, Galiani Verlag Berlin

Volf, J. (1996): Das Urwildpferd, Neue Brehm Bücherei, Westarp Wissenschaften Magdeburg

Register

J

K

L

M

N

T

U

V

W

Z